10kV
电力电缆附件安装作业人员
培训教材

国网北京市电力公司电力科学研究院　编

中国电力出版社
CHINA ELECTRIC POWER PRESS

内 容 提 要

全书共分为四章，第一章为电力电缆基础知识，第二章介绍了 10kV 电缆附件安装的基本技能要求，第三章为各种型式的 10kV 电缆附件安装工艺，第四章为 10kV 电缆附件故障分析典型案例，附录部分收录了国网北京市电力公司所制定并执行的电缆附件安装相关标准、签证记录表等文件，仅供参考。

本书可作为 10kV 电缆附件安装作业人员的培训教材，也可作为配电网工作者的参考用书。

图书在版编目（CIP）数据

10kV 电力电缆附件安装作业人员培训教材 / 国网北京市电力公司电力科学研究院编．—北京：中国电力出版社，2017.11

ISBN 978-7-5198-1299-7

Ⅰ．①1… Ⅱ．①国… Ⅲ．①电力电缆－电缆附件－安装－技术培训－教材 Ⅳ．①TM247

中国版本图书馆 CIP 数据核字（2017）第 256963 号

出版发行：中国电力出版社
地　　址：北京市东城区北京站西街 19 号（邮政编码 100005）
网　　址：http://www.cepp.sgcc.com.cn
责任编辑：肖　敏（010-63412363）　安　鸿
责任校对：太兴华
装帧设计：张俊霞　左　铭
责任印制：邹树群

印　　刷：北京大学印刷厂
版　　次：2017 年 11 月第一版
印　　次：2017 年 11 月北京第一次印刷
开　　本：710 毫米 ×980 毫米　16 开本
印　　张：9.5
字　　数：162 千字
印　　数：0001—2000 册
定　　价：80.00 元

编 委 会

编写组成员

前 言

随着城市发展的日新月异，电力电缆作为一种输送电能的介质，在城市电网中的应用比例越来越大，其中 10kV 交联聚乙烯电力电缆在城市配电网中起到了关键性作用，对 10kV 交联聚乙烯电力电缆附件安装的质量控制关系配电网的安全性和可靠性。影响电缆附件安装质量的因素包括安装人员、附件材料、施工机具、施工方法和环境，其中安装人员的素质和操作技术水平，最直接、最真实、最具体地影响着电缆附件安装的质量。

10kV 交联聚乙烯电力电缆附件安装是一项对技能要求非常高的工作，其安装人员应经过专门的技术理论学习和实际操作训练。安装人员必须对电缆处理各步操作的质量要求和操作手法非常熟悉，比如电缆的铠装处理、外半导电层处理、绝缘层处理等；又要有一定的电气理论和电气材料知识，如带电距离、接触电阻、载流量常识及绝缘带、半导电带、防水带各自的性能、用途和判断方法。只有安装人员具有了上述这些最基本的知识，才能够避免带材混用、手法错误造成绝缘损伤等一些基本的错误。为了进一步提高电缆安装人员的操作水平，特编写了本书。

本书主要内容：本书共分为四章，第一章为电力电缆基础知识，介绍了各电压等级电缆与电缆附件的作用、结构特点等；第二章为电力电缆安装的基本技能，介绍了电缆附件安装过程中常用工器具与使用方法，同时介绍了电缆附件安装的一些操作技巧；第三章为电缆附件安装工艺，重点介绍了各种 10kV 电缆附件安装工艺流程与安装质量控制要求；第四章为配电电缆线路设备故障分析典型案例，介绍了电缆附件安装常见质量问题。

由于作者水平有限，书中难免有疏漏与不足之处，望读者多提宝贵意见。

陈平

2017 年 7 月

目　录

第一章 电力电缆基础知识

电力电缆是传输和分配电能的重要载体，在电力工业中已经得到了十分广泛的应用。采用电力电缆来输送和分配电能，能够提高空间利用率，提高供电的可靠性，改善环境的美观性，在大城市和供电密集场所，电力电缆具有无比的优越性，是架空线路无法替代的。随着经济的发展，电力电缆在电力传输和分配中会发挥越来越重要的作用。

第一节 电力电缆的作用和特点

一、电力电缆的定义

采用一根或多根导线经过绞合制作成导体线芯，再在导体上施以相应的绝缘层，外面包上密封护套如铅护套、铝护套、铜护套、不锈钢护套或塑料、橡胶护套等，这种类型的导线就叫作电缆。电缆的种类很多，在电力系统中，应用最多的电缆有两大类，即电力电缆和控制电缆。把用于输送和分配大功率电能的电缆称为电力电缆。

电力电缆作为输、配电线路主要可分为三种类型：

（1）地下输配电线路。地下输配电线路的电缆敷设方式有直埋、排管和填埋电缆沟。

（2）水下输电线路。水下输电线路是将电缆敷设于江河湖水底或海洋水底。

（3）空气中输配电线路。空气中输配电线路的电缆敷设方式有敷设在厂房、沟道、隧道内、竖井中、桥梁桥架上及架空电缆等。

二、电力电缆的作用及应用场所

1. 电力电缆的作用

电力电缆线路作为电网中输送和分配电能的主要方式之一，起着架空线线路所无法替代的重要作用。

（1）由于线间绝缘距离很小，可以缩小空间、减少占地。

（2）可沿已有建筑物墙壁或地下敷设，电缆做地下敷设，不占地面和地面上的空间，不用在地面架设杆塔和导线，有利于市容的整齐美观。

（3）不受外界环境影响，可避免强风、雷击、雨雪、污秽、树木和鸟等造成架空线的短路和接地等故障，大大提高供电可靠性。

（4）导体线芯外面有绝缘层和保护层，使人们不会直接触及导电体，避免人身直接触电，有利于保证人身安全。

（5）运行安全可靠，减少运行维护的工作量。

（6）电缆的电容较大，电缆线路本体呈容性，有利于提高电力系统的功率因数。一般情况下不需要采取改善功率因数的措施。

2. 电缆线路适合应用的场所

电缆线路适合应用于以下场所：

（1）输电线路密集的发电厂和变电站，位于市区的变电站和配电所。

（2）国际化大都市、现代大中城市的繁华市区、高层建筑区和主要道路。

（3）建筑面积大、负荷密度高的居民区和城市规划不能通过架空线的街道或地区。

（4）重要线路和重要负荷用户。

（5）重要风景名胜区。

因此，在人口稠密的城市和厂房设备拥挤的工厂，为减少占地，多采用电缆线路；在严重污秽地区，为了提高送电的可靠性，多采用电缆线路；对于跨越江河的输电线路，跨度大，不宜架设架空线，也多采用电缆线路。有的从国防工程的需要出发，为避免暴露目标而采用电缆线路；有的为建筑美观而采用电缆线路；也有的为减小电磁辐射，而采用电缆线路。总之，电缆已成为现代电力系统不可或缺的组成部分。

三、电力电缆的优缺点

1. 电缆线路的优点

（1）占用地面和空间少。这是电缆线路最突出的优点。如一个 110kV 及以上普通变电站常有四五十条10kV和35kV出线，如果全部采用架空线路出线的话，为了安全与检修方便就不能过多的进行同杆架设（不能重叠过多），这样多的架空线路走廊所需要的占地是超乎想象的，也是不可能的。现在城市里的地价步步升高，为了减少占地，变电站设备一般都采用GIS设备，变电站外楼房林立，根本没有架空线路走廊，而且市政府和房地产开发商也不允许建架空线路，如果采用电缆线路，只需建筑2～3条2m×2m的隧道或者排管就能将全部出线容纳。又如机场、港口等无法用架空线路的地方，只能用电缆来供电，因而电缆越来越被广泛使用。

（2）供电安全可靠。架空线路易受强风、暴雨、冰雪、雷电、污秽、鸟害等自然因素，以及交通事故、放风筝、外力损坏等人为的外界影响，造成断线、短路、接地而停电或其他故障。而电缆线路除了露出地面暴露于大气中的户外终端部分外，不会受到自然环境的影响，人为的外力破坏也可减少到较低的程度，因此电缆线路供电的可靠性好。

（3）触电可能性小。当人们在架空线路附近放风筝、钓鱼或起重作业时，就有可能接触导体而发生触电事故，而电缆的绝缘层和保护层保护人们即使触及了电缆也不会发生触电现象。架空导线断线时常常会引发人、畜触电伤亡事故；而电缆线路埋于地下，无论发生何种故障，由于带电部分在接地屏蔽部分和大地内，只会造成跳闸，不会对人、畜有任何伤害，所以比较安全。

（4）有利于提高电力系统的功率因数。架空线路相当于单根导体，其电容量很小（可忽略不计），呈感性电路的特征，远距离送电后，功率因数明显下降，需采取并联电容器组等措施来提高功率因数。电缆线路整体特征呈容性，有较大的无功输出，对改善系统的功率因数、提高线路输送容量、降低线路损耗大有好处。

（5）运行、维护工作简单方便。电缆线路在地下，维护量小，故一般情况（充油电缆线路除外）下只需定期进行路面观察、路径巡视防止外力损坏及6～10年做一次预防性试验即可。而架空线路易受外界影响和污染，为保证安全、可靠地供电，必须经常做维护和试验工作。

（6）有利于美化城市，具有保密性。架空线路影响城市的美观，而电缆线路埋于地下，街道易整齐美观，并且在没有图纸情况下，一般是无法知道其走向的，因此需要进行保密的工程，均采用电缆线路来进行供电。

2. 电缆线路的缺点

（1）一次性投资费用大。在同样的导线截面积情况下，电缆的输送容量比架空线小，在同样输送容量的情况下需采用较大截面积的电缆。而且，如采用成本最低的直埋方式安装一条35kV电缆线路，其综合投资费用为相同输送容量架空线路的4～7倍。如果采用隧道或排管敷设综合投资在10倍以上。

（2）线路不易变更。电缆线路在地下一般是固定的，所以线路变更的工作量和费用是很大的。因电缆绝缘层的特殊性，来回搬迁将影响电缆的使用寿命，故安装后不易再搬迁。

（3）线路不易分支。一条供电线路往往需接上很多用户，在架空线路上可通过分支线夹或绑扎连接易于进行分支接到用户。然而，要进行电缆线路的分支，必须建造特定的保护设施，采用专用的分支中间接头进行分支，或者在特定的地点采用电缆分接箱，制作电缆终端进行分支。

（4）故障测寻困难、修复时间长。架空线路发生故障时，通过直接观察一般都能找到故障点，并且在较短时间内即可修复。而电缆线路在地下，故障点是无法直接看到的，必须使用专用仪器进行粗测（测距）、定点，并且具有一定专业技术水平的人员才能测地准确，结合竣工图纸才能精确定点，比较费时。而且找到故障点后还要挖出电缆，制作电缆头和进行试验，一般修复时间比较长。对于敷设于隧道、电缆沟中的电缆，虽然可以直接看到故障点，但重新敷设电缆、制作电缆头和试验的时间也是比较长的。

（5）电缆头的制作工艺要求高、费用高。电缆导电部分对地和相间的距离都很小，因此对绝缘强度的要求就很高。同时为了使电缆的绝缘部分能长期使用，故又需对绝缘部分加以密封保护，对电缆头也必须同样要求密封保护，为此电缆的接头制作工艺要求高，必须由经过严格技术培训的专业人员进行，以保证电缆线路的绝缘强度和密封保护的要求。

随着电力工业的发展，电缆线路的供电方式越来越广泛，尤其是繁华的城市中心、机场、港口码头、需保密的工程，电缆线路已成为一种不可缺少的供电方式。世界上有许多都市，如巴黎、伦敦、莫斯科、纽约等为了美化城市，都已没有架空输电线路，这说明了电缆线路是今后城市供电线路的发展方向。

四、电力电缆电压等级

我国电网输电与配电电压等级划分为220/380V、3、6、10、20、35、110、220、330、500、750、1000kV等，并划分为输电电压与配电电压两类。

参照有关标准和导则规定，将配电电压划分为：

低压配电电压：220/380V；

中压配电电压：10、20kV；

高压配电电压：35～110kV。

根据输电技术特点，将输电电压等级划分为三级：

高压输电电压：220kV；

超高压输电电压；330、500、750kV；

特高压输电电压：1000kV 及以上。

电力电缆的电压等级依照输、配电电压等级划分。电力电缆通常把 1kV 电压等级的电缆称为低压电缆；6～35kV 电压等级的电缆称为中压电缆；把 110kV 电压等级的电缆称为高压电缆；把 220～500kV 电压等级的电缆称为超高压电缆。

第二节　电力电缆的种类和结构

一、电力电缆的种类

随着电力电缆应用范围的不断扩大和电网对电力电缆提出的新要求，制造电力电缆的新材料、新工艺不断出现，电缆的电压等级逐渐增高，功能不断增强并细分，电力电缆的品种越来越多。电力电缆可以有多种分类方法，如按电压等级分类、按导体标称截面积分类、按导体芯数分类、按绝缘材料分类、按功能特点和使用场所分类等。

1. 按电压等级分类

电力电缆都是按照一定的电压等级生产制造的，不同电压等级的电缆应用于不同电压等级的电网，同一电压等级的电缆可以采用相同的绝缘厚度，也可以根据导体截面积不同、绝缘材料不同及接地方式运行情况不同，采用不同的绝缘厚度。我国电缆产品的电压等级包括 0.6/1kV、1/1kV、3.6/6kV、6/6kV、6/10kV、8.7/10kV、8.7/15kV、12/15kV、12/20kV、18/20kV、18/30kV、21/35kV、26/35kV、38/66kV、50/66kV、64/110kV、127/220kV、190/330kV、290/500kV 共 19 种。

电压等级有两个数值，用“/”分开，斜杠前的数值表示相电压值，斜杠后的数值表示线电压值。常用电缆的电压等级有 0.6/1kV、3.6/6kV、6/10kV、21/35kV、38/66kV、64/110kV、127/220kV，这类电压等级的电缆适用于变压器中性点直接接地且每次接地故障持续时间不超过 1min 的三相电力系统，而电压等级为 1/1kV、6/6kV、8.7/10kV、26/35kV、50/66kV 的电缆适用于变压器中性点不接地或非直接接地且每次接地故障持续时间一般不超过 2h、最长不超过 8h 的三相电力系统，在选择使用电缆时应给予特别关注。

另外值得注意的是：在我国的电力系统中，纯粹的电缆线路是不装设重合闸的，也就是说电力电缆线路是不允许有单相接地故障发生后而继续运行的，这在一定程度上降低了供电的可靠性。

2. 按导体标称截面积分类

电力电缆的导体是按一定等级的标称截面积生产制造的，不是说客户要求什么样的截面积就有什么样的截面积。这样做是为了形成一定的规范，既便于制造，也便于施工。

我国电力电缆标称截面积系列为 1.5、2.5、4、6、10、16、25、35、50、70、95、120、150、185、240、300、400、500、630、800、1000、1200、1400、1600、1800、2000、2500mm^2，共 27 种。

在选择电缆导体的截面积时，能采用一个大截面积电缆时，就不要采用两个或两个以上的小截面积电缆并用。

3. 按导体芯数分类

电力电缆导体芯数有单芯、二芯、三芯、四芯和五芯共 5 种。单芯电缆通常用于传送直流电、单相交流电和三相交流电，一般中低压大截面积的电力电缆和高压超高压电缆多为单芯。二芯电缆多用于传送直流电或单相交流电。三芯电缆主要用于三相交流电网中，在 35kV 及以下各种中小截面积的电缆线路中得到最广泛的应用。四芯和五芯电缆多用于低压配电线路，一般情况下，只有 1kV 电压等级的电缆才有二芯、四芯和五芯。

4. 按绝缘材料分类

（1）固体挤包绝缘电力电缆。固体挤包绝缘电力电缆包括聚氯乙烯绝缘电力电缆、交联聚乙烯绝缘电力电缆、聚乙烯绝缘电力电缆、橡胶绝缘电力电缆。

（2）油浸纸绝缘电力电缆。油浸纸绝缘电力电缆是历史上应用最广泛的一种电缆。油浸纸绝缘电力电缆的绝缘是一种复合绝缘，它是以纸为主要绝缘体，用绝缘浸渍剂充分浸渍制成的。根据浸渍情况和绝缘结构的不同，油浸纸绝缘电力电缆又可分为下列几种：

1）普通黏性油浸纸绝缘电缆。它是一般常用的油浸纸绝缘电缆。电缆的浸渍剂是由低压电缆油和松香混合而成的黏性浸渍剂。根据结构不同，这种电缆又分为统包型、分相铅（铝）包型和分相屏蔽型，统包型电缆的多线芯共用一个金属护套；分相屏蔽型电缆的导体分别加屏蔽层，并共用一个金属护套。后两种电缆多用于20～35kV电压等级。

2）不滴流油浸纸绝缘电缆。它的构造、尺寸与普通黏性油浸纸绝缘电缆相同，但用不滴流浸渍剂浸渍制造。不滴流浸渍剂系低压电缆油和某些塑料及合成地蜡的混合物。不滴流油浸纸绝缘电缆适用于35kV及以下高落差电缆线路以及热带地区。

3）充油电缆。它包括自容式充油电缆和钢管充油电缆。电缆的浸渍剂，一般为低黏度的电缆油。充油电缆适用于110kV及更高电压等级的电缆线路中。

4）气压油浸纸绝缘电缆。它包括自容式充气电缆和钢管充气电缆。多用于35kV及以上电压等级的电缆线路中。

5. 按功能特点和使用场所分类

（1）阻燃电力电缆。普通电缆的绝缘材料有一个共同的缺点，就是具有可燃性。当电缆线路发生故障时，电缆可能因局部过热而燃烧，并导致事故扩大。阻燃电力电缆是在电缆绝缘或护层中添加阻燃剂，即使在明火烧烤下，电缆也不会燃烧。阻燃电力电缆的结构与普通聚氯乙烯绝缘电力电缆和交联聚乙烯绝缘电力电缆的结构基本相同，而用料有所不同。对于交联聚乙烯绝缘电力电缆，其填充物（或填充绳）、绕包层、内衬层及外护套等，均在原用材料中加入阻燃剂，以阻止延燃；有的电缆为了降低电缆火灾的毒性，电缆的外护套不用阻燃型聚氯乙烯，而用阻燃型聚烯烃材料。对于聚氯乙烯绝缘电力电缆，有的采用加阻燃剂的方法，有的则采用低烟、低卤的聚氯乙烯料作绝缘，而绕包层和内衬层均用无卤阻燃料，外护套用阻燃型聚烯烃材料等。至于采用哪一种型式的阻燃电力电缆，要根据使用者的具体情况进行选择。

（2）耐火电力电缆。耐火电力电缆是在导体外增加耐火层，多芯电缆相间用耐火材料填充。其特点是可在发生火灾以后的火焰燃烧条件下，保持一定时间的供电，为消防救火和人员撤离提供电能和控制信号，从而大大减少火灾损失。耐火电力电缆主要用于1kV电缆线路中，适用于对防火有特殊要求的场合。

二、电力电缆的基本结构

不论是何种电力电缆，其最基本的组成有导体、绝缘层和护层三部分。对于中压及以上电压等级的电力电缆，导体在输送电能时，具有高电位。为了改善电场的分布情况，减小导体表面和绝缘层外表面处的电场畸变，避免尖端放电，电缆还要有内外屏蔽层。总的来说，电力电缆的基本结构必须有导体（也可称线芯）、绝缘层、屏蔽层和护层四部分组成，这四部分在组成和结构上的差异，就形成了不同类型、不同用途的电力电缆，多芯电缆绝缘线芯之间，还需要添加填芯和填料，以利于将电缆绞制成圆形，便于生产制造和施工敷设。

（一）导体（线芯）

1. 作用

导体（线芯）的作用是导电，用来输送电能，是电缆的一个主要部分。

2. 材料要求

电缆线芯的材料应是导电性能好、机械性能高、资源十分丰富的，并且适宜生产制造和大量应用。

（1）导电性能好。在常温时，金属都具有一定的电阻，当电能在线芯中传输，电流通过线芯导体的过程中，会产生一定的功率损耗，并使导体发热，当发热和散热平衡时电缆就稳定在某一温度上。由于绝缘材料的绝缘性能受温度的影响很大，在过高温度下绝缘材料发生加速老化，所以要求线芯材料的导电性能好，以此来减少导体功率损耗和发热，进而增大电缆的输送容量。

（2）机械性能高。为了易于加工与使用，导体材料既要有一定的抗拉强度，又要有一定韧性。

（3）资源丰富。如前所述，用电力电缆作为供电线路时，所需的数量是很大的，因此用作线芯的材料必须有十分丰富的资源，否则就无法广泛生产。铜与铝这两种金属的导电率都比较高，而且在地球上的储量丰富，易开采和加工，机械性能高（既有一定的机械强度，又有一定的韧性）。因此目前电力电缆的线芯都采用铜和铝。

3. 规格与结构

（1）截面积规格。为了便于设计制造和安装施工，电缆的截面积必须采用规范化的方式进行定型生产，即电缆的截面积由小到大按标称截面积规格进行生产。标称截面积规格在各国是不同的，我国380V～35kV电缆的导电部分标称截面积规格为1.5、2.5、4、6、10、16、25、35、50、70、95、120、150、185、240、300、400、500、630、800mm^2 共20种规格，目前16～400mm^2 的12种截面积是常用的规格；110kV及以上电缆的导电部分标称截面积规格为240、400、630、700、800、1000、1200、1400、1600、2000、2500mm^2 共11种规格，经常用的几种截面积规格是400、800、1200、1600mm^2，220kV电缆的导电部分标称截面积规格最大可达2500mm^2。

(2) 芯数形式。指电缆具有多少根线芯，一般有单芯、二芯、三芯、四芯、五芯电缆五种形式。

(3) 线芯形状。电缆线芯有圆形、椭圆形、中空圆形和扇形四种。在10kV以上电压等级的电缆中一般采用圆形线芯，这是因为圆形线芯有利于电缆绝缘内部的电场均匀分布。在10kV及以下电压等级的油纸电缆中基本采用扇形线芯，这是因为扇形线芯在统包绝缘结构电缆中，结构更加紧凑，能够有效减小电缆的外径，进而减少电缆的重量，降低造价，便于安装。但是，扇形线芯只能用于中低压电缆，因为扇形线芯在局部处的曲率半径发生了很大的变化，曲率半径较小处将出现电场集中现象，也就是电场强度会明显大于其他地方的电场强度，在中低压电缆中，导体的电位不是太高，由此引起的电场集中还不足以导致绝缘的击穿或者需增加绝缘厚度，不是主要矛盾，主要矛盾是解决整体结构紧凑，减小电缆的外径；随着电压等级的提高，导体电位升高，由此引起的电场集中足以导致绝缘的击穿或者需增加绝缘厚度，并成为主要矛盾，必须采用圆形线芯消除电场集中。中空圆形是充油电缆的线芯所特有的一种形状，中空处是作为油道通过电缆油使用的。椭圆形绞合导体用于外充气钢管电缆，椭圆形导体较圆形导体能更好地经铅护套向绝缘传送压力。在每种形状中还有紧压形与非压紧形之分。紧压的目的是减小线芯部分因采用多股绞合线形式而引起的外径变大，从而减少绝缘层和外护层的材料的使用量，能使造价减少15%～20%，又使电缆整体重量减少，有利于电缆敷设施工。而且紧压形线芯还有利于电缆线芯的阻水和降低集肤效应的影响。

(4) 结构。若用单根实心的金属材料制成电缆的线芯，线芯的柔软性就会很差且不能随意弯曲，截面积越大弯曲越困难，这样必然给生产制造和电缆敷设施工带来无法克服的困难。经研究和实践证明，采用多股导线单丝绞合线作为线芯是最好的结构，这样的结构既能使电缆的柔软性大大增加，又可使弯曲时的曲度不集中在一处，而分布在每根单丝上，每根单丝的直径越小，弯曲时产生的弯曲应力也就越小，因而在允许弯曲半径内弯曲不会发生塑性变形，从而电缆的绝缘层也不致损坏。同时弯曲时每根单丝间能够滑移，各层方向相反绞合（相邻层一层右向绞合，一层左向绞合），使得整个导体内外受到的拉力和压力分解，这就是采用多股导线绞合形式线芯的原因。

(二) 绝缘层

1. 作用

它能将线芯与大地以及不同相的线芯间在电气上彼此隔离，从而保证在输送电能时不发生相对地或相间击穿短路，因此绝缘层也是电缆结构中不可缺少的重要组成部分。

2. 材料要求

(1) 耐压强度高。由于电缆导电部分的相间距离及其对地距离都较小，所以绝缘层承受着很高的电场强度，一般在 1～5kV/mm，110kV 的电缆中达 8～10kV/mm，500kV 的电缆中高达 14～16.5kV/mm，电压等级越高的电缆，对绝缘材料的耐压强度的要求越高。

(2) 介质损耗角正切值低。运行于交流电场中的绝缘介质，由于极性分子的存在，绝缘层中将会有泄漏电流通过，使绝缘层（介质）发热，这部分损耗称为介质损耗。电缆电压等级越高，介质损耗越大，这部分损耗高，发热就大，绝缘就会加速老化，因此要求绝缘材料的介质损耗角正切值低。

(3) 耐电晕性能好。绝缘层中的气泡或内外表面的凸起在很高电场下易被电离而产生放电现象，放电时产生的臭氧对绝缘层具有破坏作用，各种材料的耐电晕性能是不同的，因此要求选用耐电晕性能好的材料。

(4) 化学性能稳定。化学性能不稳定的材料，在外来因素的作用下，其性能易改变，它的绝缘水平就会随之发生变化，通常这种变化使绝缘性能变差，这对电缆的使用寿命有直接的影响，因此要选用化学性能稳定的材料。

(5) 耐低温。一般情况下，非金属材料的强度高，其脆化点高，电缆线路的施工（特别在北方地区）经常需在气温很低的情况下进行安装，一旦变脆很易损坏，无法安装，所以要求有耐低温的性能。在日平均气温 0℃以下及敷设时温度低于 0℃时，敷设高压电缆需预先加热后再施工。

(6) 耐热性能好。电缆的最高允许运行温度取决于绝缘材料的耐热性能，即在绝缘材料的物理性能和化学性能不发生变化时的最高允许温度越高越好，这样电缆线路允许通过的载流量越大，因此绝缘材料的耐热性能越高越好。

(7) 机械加工性能好。绝缘材料必须具有一定的柔性和机械强度，这样才有利于生产制造和施工安装。

(8) 使用寿命长。绝缘材料经过一定长的时间，均会发生老化现象，性能下降甚至无法运行。由于电缆线路的成本、施工费用高，敷设难度大，因此电缆必须经久耐用，对电缆的使用寿命也有更高的要求。目前电缆的设计使用寿命一般不少于 30 年。

3. 常见电缆绝缘材料的种类和特点简介

(1) 油浸纸绝缘的特点如下：

1）耐压强度高。

2）介质损耗角正切值低。

3）化学性能稳定。

4）价格便宜。

5）耐电晕性能好。

6）耐热性能较差，长期允许运行温度只能到65℃。

7）使用寿命长。

（2）橡胶绝缘的特点。橡胶有天然与合成之分，早期电缆绝缘使用的是天然橡胶，现在电缆中使用的是合成橡胶，合成橡胶的种类众多，性能各异，用于电缆绝缘的主要有EPDM（三元乙丙橡胶）和EPR（乙丙橡胶），它们的基本特点如下：

1）具有高的电气性能和化学稳定性。

2）在很大的温度范围内具有高弹性。

3）气体、水（潮气）对其的渗透性低。

4）在65℃以下时热稳定性能良好。

（3）聚氯乙烯绝缘的特点如下：

1）电气性能较高。

2）化学性能稳定。

3）机械加工性能好。

4）不延燃。

5）价格便宜。

6）介质损耗角正切值大。

7）耐热性和耐寒性差。

8）运行温度不能高于65℃。

（4）聚乙烯绝缘的特点如下：

1）耐压强度高。

2）介质损耗角正切值低。

3）化学性能稳定。

4）耐低温。

5）机械加工性能好。

6）耐电晕性能差。

7）耐温性能差，60℃以上时，其耐压强度急剧降低。

8）易燃、易熔和易产生环境应力而开裂。

（5）交联聚乙烯绝缘的特点如下：

1）耐压强度高。

2）介质损耗角正切值低。

3）化学性能稳定。

4）耐电晕。

5）耐环境应力开裂性能较聚乙烯好。

6）耐热性能好，长期允许运行温度可达90℃，且能承受短路时的250℃的瞬时高温。交联聚乙烯是由聚乙烯材料在高能射线或化学剂的作用下，使分子结构由原来的线状结构改变成三维空间网状结构，而大大提高了聚乙烯的耐热性和机械性能。

（三）屏蔽层

1. 作用

6kV及以上的电缆一般都有导体屏蔽层和绝缘屏蔽层，也称为内屏蔽层和外屏蔽层。导体屏蔽层的作用是消除导体表面的不光滑（多股导线绞合会产生的尖端）所引起导体表面电场强度的增加，使绝缘层和电缆导体有较好的接触。同样，为了使绝缘层和金属屏蔽层或金属护套有较好接触，一般在绝缘层外表面均包有外屏蔽层。

2. 材料要求

油纸电缆的导体屏蔽材料一般用金属化纸带或半导电纸带。绝缘屏蔽层一般采用半导电纸带。塑料、橡皮绝缘电缆的导体或绝缘屏蔽材料分别为半导电塑料和半导电橡皮。对于无金属护套的塑料、橡胶电缆，在绝缘屏蔽外还包有屏蔽铜带或铜丝。

3. 结构、种类

金属化纸，就是在厚度为0.12mm的电缆纸的一面，贴有厚度为0.014mm的铝箔；半导电纸，即在一般电缆纸浆中，掺入胶体碳粒所制成的纸，它的电阻率为$10^7 \sim 10^9 \Omega \cdot m$；半导电塑料、半导电橡皮，则要求电阻率在$10^8 \Omega \cdot m$以下，实际数据远小于这一数字。

（四）护层

1. 作用

护层的作用是密封保护电缆免受外界杂质和水分的侵入，以及防止外力直接损坏电缆绝缘层，有些电缆的外护套还具有阻燃的作用，因此它的制造质量对电缆的使用寿命有很大的影响。

2. 材料要求

护层材料的密封性和防腐性必须良好，并且有足够机械强度，适当考虑空气中敷设电缆外护套材料的阻燃性能。

3. 结构、种类

一般电缆的护层由内护套、内衬层、铠装层和外被层（也称为外护套）等几个部分有选择的组合而成，充油电缆的护层必须有加强层。为适应不同环境场合的需要，护层在制造时，可以采用这几个部分不同组合的结构，因此在实际使用中，应注意按不同的用途选择不同结构的护层。

（1）内护套：其作用是密封和防腐，所以应采用密封性能好、不透气、耐热、耐寒、耐腐蚀、具有一定机械强度且柔软又可多次弯曲、容易制造和资源丰富的材料。

1）铅护套（铅包）：在20世纪60年代前期的产品几乎全部都是这种内护套，其特点是易焊接、耐腐蚀、易加工，弯曲性能较好。其缺点为电阻率较高，重量大，易造成土壤和水资源污染，长时间使用后容易结晶导致龟裂。

2）铝护套（铝包）：在20世纪60年代中期发现铅资源缺少的情况下，就选用了铝作为内护层的制作材料，虽然它易腐蚀，密封连接困难，但是由于它重量轻、资源丰富，所以还是被选用作为制造内护层的主要材料。因其机械强度比铅护套大得多，所以同样条件下其厚度可比铅护套薄。由于弯曲的需要，一般的铝护套都制成波纹状。现在波纹铝护套已经在110kV及以上电压等级中大量使用。在实际应用中分为氩弧焊式、卧式连铸连轧和立式连铸连轧三种铝护套。

3）铜护套：对于短路容量要求大的大截面积电缆，可采用铜护套，为了增加弯曲性能，可加工成波纹状铜护套。

4）聚氯乙烯护套：这是一种非金属内护套，主要用于聚氯乙烯和交联聚乙烯绝缘电缆。其耐热性和耐寒性均较差，但阻燃性能好，燃烧过程中产生的浓烟有毒，以往的案例证明在火灾事故中，人员伤亡原因主要是烟熏，所以人们在保证阻燃的前提下，开始生产低烟低卤的聚氯乙烯或无卤的聚烯烃材料做电缆的护套。

5）聚乙烯护套：其绝缘强度比聚氯乙烯高，耐热性能和耐寒性能比聚氯乙烯的好，抗渗水性也比聚氯乙烯的强，但阻燃性能差。

（2）外护层：在不同环境中安装的电缆，对外护层的要求是不一样的，有些场所，如发电厂、变电站内、隧道及电缆沟内等安装的电缆就对机械加强保护的要求低些。有些场所，如水中和竖井高落差敷设的电缆，需要一定的抗拉强度。有些场所，如直埋敷设的电缆需要有径向加强的机械性能。外护层又可分成以下四个部分。

1）内衬层：它在内护套和铠装层之间，其作用是为了防止内护套受腐蚀和防止电缆在弯曲时被铠装损坏。它主要是由麻布或塑料带等软性织物直接包绕或涂敷沥青后包绕在内护套上的材料，要求它具有柔软和无腐蚀性，对于防火要求高的电缆还需阻燃。

2）铠装层：它在内衬层和外被层之间，其作用为防止机械外力损坏内护套。它的材料主要为钢带或钢丝，要求它应具有较高的机械强度。

3）外被层或外护套：它在铠装层外，是电缆的最外层，其作用是为防止铠装层受外界环境的腐蚀。它的材料有聚氯乙烯或聚乙烯等。在侧重防火要求的地方采用聚氯乙烯外护套；在侧重防水要求的地方（如长江以南）多采用聚乙烯外护套；对于白蚁和鼠害严重的地方应添加防白蚁和老鼠啮咬的填料。

4）加强层：这层结构是充油电缆所特有的，它是直接包绕在内护套外，以增强内护套承受电缆油压的机械强度，它应有足够的机械强度、柔韧性和不易腐蚀，一般用铜带或不锈钢带作为材料。

三、几种常用的固体挤包绝缘电力电缆结构

1. 聚氯乙烯绝缘电力电缆

由聚氯乙烯绝缘材料挤包制成绝缘层的电力电缆叫聚氯乙烯绝缘电力电缆。聚氯乙烯绝缘电力电缆有单芯、二芯、三芯、四芯和五芯等 5 种类型。当额定电压 U_0 为 6kV 以上时，电缆线芯导体表面和绝缘表面均有半导电屏蔽层，同时在绝缘屏蔽层外面还有金属带组成的屏蔽层，以承受故障时的短路电流，避免因短路电流引起电缆温升过高而损坏绝缘。

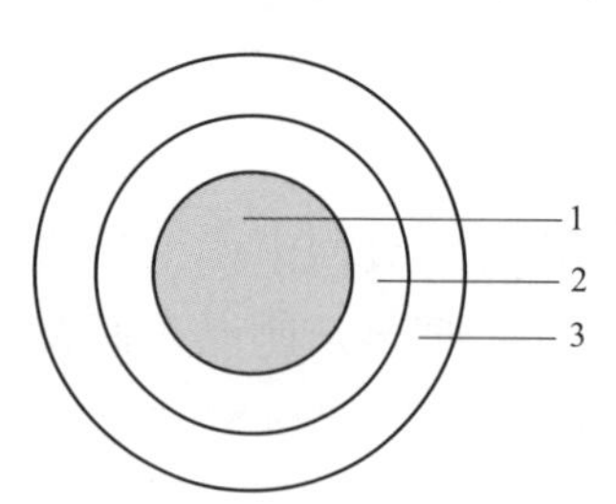

图 1-1　1kV 单芯聚氯乙烯绝缘电力电缆结构示意图

1—导体；2—聚氯乙烯绝缘；3—聚氯乙烯护套

多芯电缆的绝缘线芯增加填料绞合呈圆形成缆后再挤包 PVC 或 PE 护套作为内护套，外面再绕包铠装层，最后挤包 PVC 或 PE 外护套。如图 1-1 所示是单芯 1kV 聚氯乙烯绝缘电力电缆的结构图。1kV 三芯聚氯乙烯绝缘电力电缆结构示意图如图 1-2 所示。1kV 四芯（3＋1）聚氯乙烯绝缘电力电缆结构示意

图如图 1-3 所示。1kV 四芯（等截面）聚氯乙烯绝缘电力电缆结构示意图如图 1-4 所示。如图 1-5 所示是 1kV 五芯（4、1）聚氯乙烯绝缘电力电缆结构示意图。1kV 五芯（3+2）聚氯乙烯绝缘电力电缆结构示意图如图 1-6 所示。

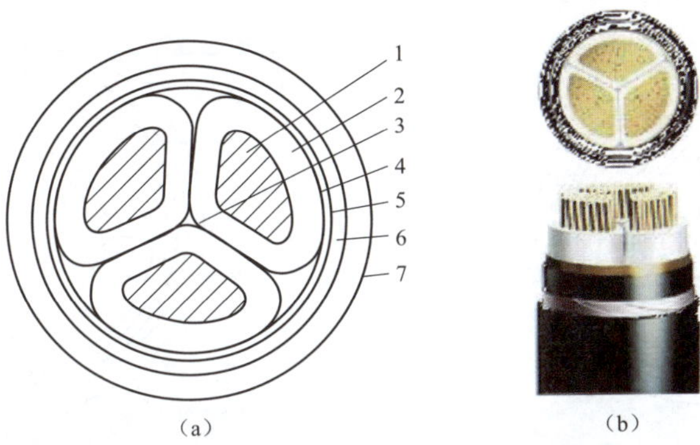

图 1-2　1kV 三芯聚氯乙烯绝缘电力电缆结构示意图

(a) 结构图；(b) 实物图

1—导体；2—聚氯乙烯绝缘；3—填充物；4—聚氯乙烯包带；5—聚氯乙烯内护套；6—钢带铠装；7—聚氯乙烯外护套

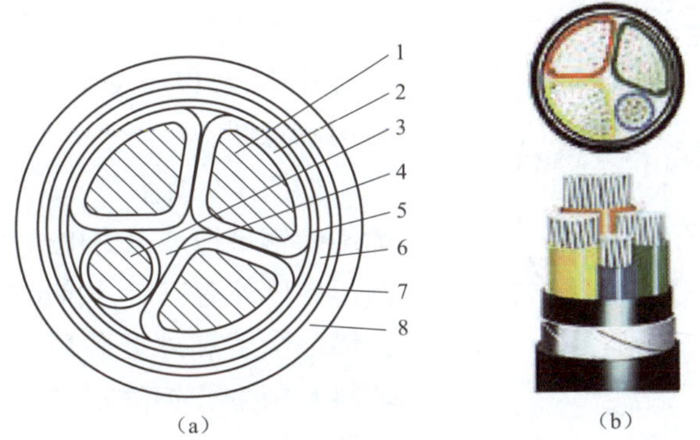

图 1-3　1kV 四芯（3+1）聚氯乙烯绝缘电力电缆结构示意图

(a) 结构图；(b) 实物图

1—导体；2—聚氯乙烯绝缘；3—中性导体；4—填充物；5—聚氯乙烯包带；6—聚氯乙烯内护套；7—钢带铠装；8—聚氯乙烯外护套

2. 交联聚乙烯绝缘电力电缆

交联聚乙烯绝缘电力电缆（简称交联电缆）的主绝缘层是由交联聚乙烯绝缘材料挤出制成的。这种电缆电场分布均匀，没有切向应力，重量轻，载流量大，已用于 500kV 及以下的电缆线路中。交联聚乙烯绝缘电力电缆有单芯、二芯、三芯、四芯和五芯等 5 种类型。当额定电压 U_0 为 6kV 以上时，电缆线芯导体表面和绝缘表面均有半导电屏蔽层，同时在绝缘屏蔽层外面还有金属带组成的屏蔽层，以承受故障时的短路电流，避免因短路电流引起电缆温升过高而损坏绝缘。

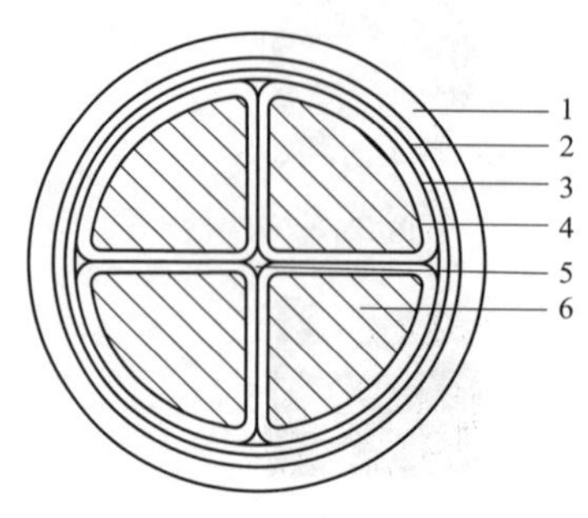

图 1-4　1kV 四芯（等截面）聚氯乙烯绝缘电力电缆结构示意图

1—聚氯乙烯外护套；2—钢带铠装；3—聚氯乙烯内护套；4—聚氯乙烯绝缘层；5—填充物；6—导体

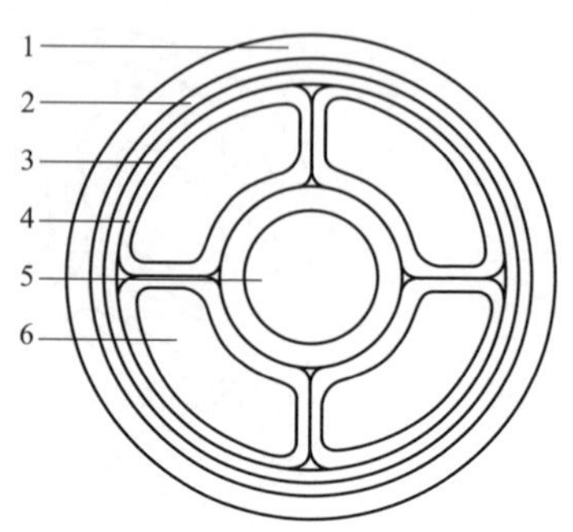

图 1-5　1kV 五芯（4、1）聚氯乙烯绝缘电力电缆结构示意图

1—聚氯乙烯外护套；2—钢带铠装；3—聚氯乙烯内护套；4—聚氯乙烯绝缘层；5—中性导体（N 线）；6—导体

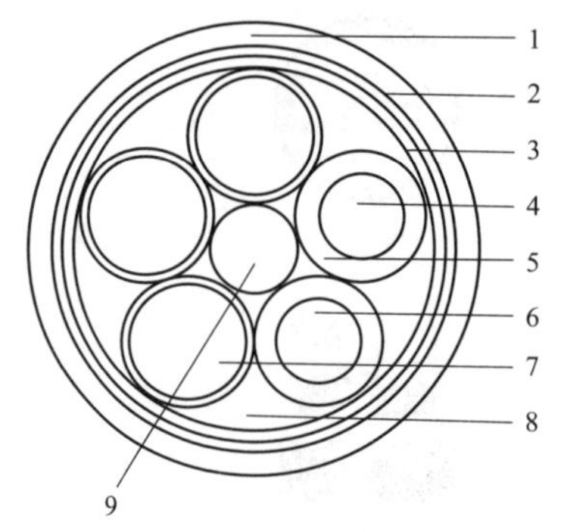

图 1-6　1kV 五芯（3+2）聚氯乙烯绝缘电力电缆结构示意图

1—聚氯乙烯外护套；2—钢带铠装；3—聚氯乙烯内护套；4—中性导体（N 线）；5—聚氯乙烯绝缘层；6—保护导体（地线）；7—导体；8—填充物；9—填芯

如图 1-7、图 1-8 所示分别是二～四芯、五芯 1kV 及以下交联聚乙烯绝缘电力电缆结构示意图。

如图 1-9 所示是 6～35kV 三芯交联聚乙烯绝缘钢带铠装电力电缆的结构示意图。在圆形导体外有三层共挤的内屏蔽层、交联聚乙烯绝缘层和外屏蔽层，外面还有保护带、填料、铜带或铜线屏蔽、内护套、铠装层、外护套等。如图 1-10 所示是 6～35kV 交联聚乙烯钢丝铠装电力电缆结构示意图。

3. 橡胶绝缘电力电缆

6～35kV 的橡胶绝缘电力电缆，导体表面有半导电屏蔽层，绝缘层表面有半导电材料和金属材料组合而成的屏蔽层。多芯电缆绝缘线芯绞合时，采用具有防腐性能的纤维填充，并包以橡胶布带或涂胶玻璃纤维带。橡胶绝缘电缆的护套一般为聚氯乙烯或氯丁橡胶护套。

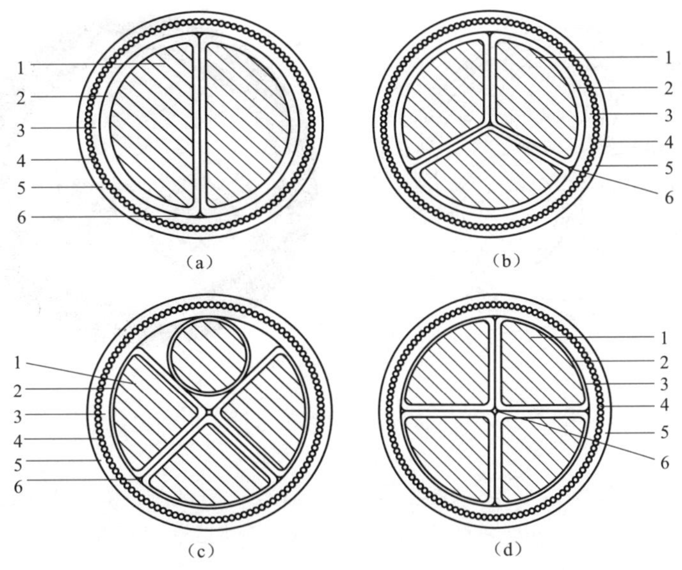

图 1-7　1kV 及以下交联聚乙烯绝缘电力电缆结构示意图（二～四芯）

（a）二芯；（b）三芯；（c）3＋1 芯；（d）四芯（等截面）

1—导体；2—绝缘层；3—内护套；4—钢丝；5—外护套；6—填充物

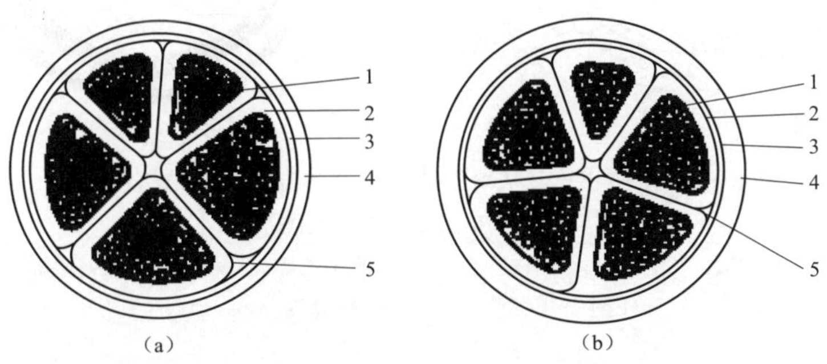

图 1-8　1kV 及以下交联聚乙烯绝缘电力电缆结构示意图（五芯）

（a）3＋2 芯；（b）4＋1 芯

1—导体；2—绝缘层；3—包带；4—外护套；5—填充物

橡胶绝缘电缆的绝缘层柔软性最好，其导体的绞合根数比其他形式的电缆稍多，因此电缆的敷设安装方便，适用于落差较大和弯曲半径较小的场合。它可用于固定敷设的电力线路，也可用于定期移动的电力线路。

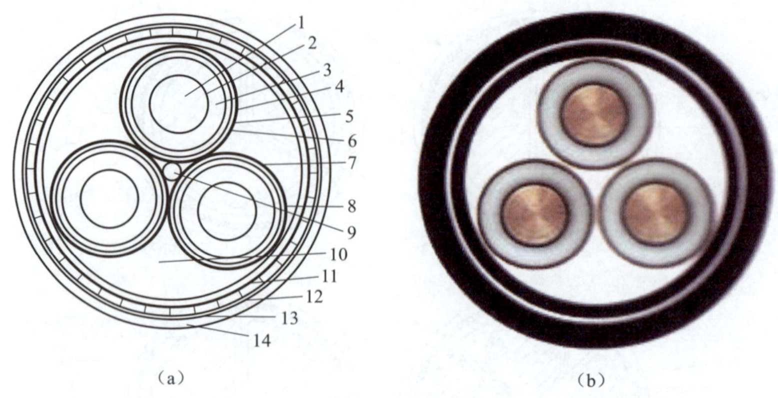

图 1-9　6～35kV 三芯交联聚乙烯绝缘钢带铠装电力电缆结构示意图

(a) 结构图；(b) 实物图

1—导体；2—导体屏蔽层；3—交联聚乙烯绝缘；4—绝缘屏蔽层；5—保护带；6—铜线屏蔽；7—螺旋铜带；8—塑料带；9—填芯；10—填料；11—内护套；12—钢带铠装；13—钢带；14—外护套

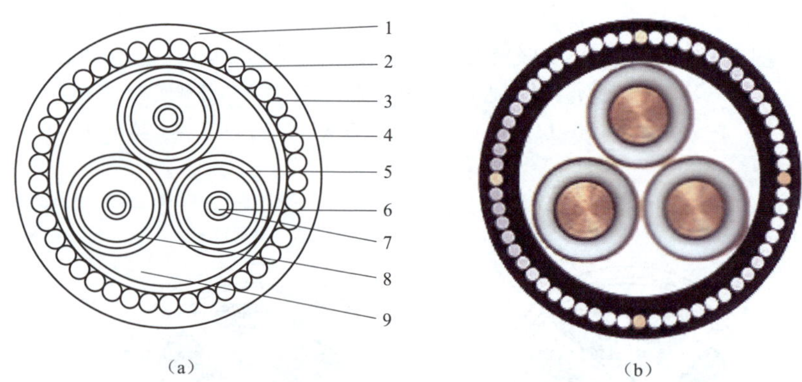

图 1-10　6～35kV 交联聚乙烯钢丝铠装电力电缆结构示意图

(a) 结构图；(b) 实物图

1—外护套；2—铜丝；3—内护套；4—交联聚乙烯；5—软铜带；6—导体；7—内半导电屏蔽；8—外半导电屏蔽；9—填料

第三节　电力电缆的型号和应用场合

一、电力电缆的型号及命名

1. 电缆型号的编制

在日常工作中，可以简单地称某一电缆为 10kV 单芯截面积 1200mm^2 交联聚乙烯电缆，这样虽然可以表述出这种电缆的主要特征，但并不完整。因为实际应用的电缆种类和结构很多，用途也各不相同，为了便于生产制造、订货与安装运行，就必须对电缆进行科学的命名，通常采用电缆型号表示某种电缆的结构与特点，这样既简单明确，便于书写，又能避免不必要的错误。每一个电缆型号表示一种结构的电缆，同时也可表明这种电缆的使用场合和某些特性。我国电缆型号的编制原则如下。

（1）一般用相关汉字的汉语拼音字母的第一个大写字母表示电缆的类别特征、绝缘种类、导体材料、内护套材料和其他特征。

（2）对护层的铠装类型和外被层类型则在汉语拼音字母之后用两个阿拉伯数字表示。无数字表示无铠装层、无外被层。第一位数字表示铠装层，第二位数字表示外被层。

（3）字母的确定方法、排列顺序及含意。①一般用能说明该型号各组成部分特点的一个汉字的第一个拼音字母来表示，如油纸绝缘用纸（zhi）的第一个字母Z表示，铅（qian）包用Q表示，阻燃（zu ran）用ZR表示等；②为了尽量减少型号字母的个数，最常用材料的代号可以省略，如表示导体材料时，在型号中只用L表明铝芯，铜芯T字省略，电力电缆符号省略。电力电缆产品型号中字母含义如表1-1所示。

表1-1　电力电缆产品型号中字母含义

类别、特征	绝缘	导体	内护套	其他特征
电力电缆（省略）	Z—纸	T（省略）—铜	Q—铅	D—不滴流
ZR—阻燃	X—橡胶	L—铝	L—铝	F—分相
	V—聚氯乙烯		LW—波纹铝	P—贫油
	Y—聚乙烯		V—聚氯乙烯	CY—充油
	YJ—交联聚乙烯		Y—聚乙烯	Z—直流
			H—橡胶	
			F—氯丁橡胶	

（4）外护层代号数字的含义如表1-2所示。

表1-2　外护层代号数字的含义

代号	加强层	铠装层	外护套
0	—	无	—
1	径向铜带	连锁钢带	纤维外被
2	径向不锈钢带	双钢带	聚氯乙烯外护套

续表

代号	加强层	铠装层	外护套
3	径向铜带、纵向窄铜带	细圆钢丝	聚乙烯外护套
4	径向不锈钢带、纵向窄不锈钢带	粗圆钢丝	—

注 充油电缆的外护层含有加强层，由三位数字组成，按加强层、铠装层和外护套的顺序进行表示；其他电缆外护层代码由两位数字组成，按铠装层和外护套的顺序进行表示。

2. 电缆型号的识别举例

ZQ22——铜芯，纸绝缘，铅包，钢带铠装，聚氯乙烯外护套电力电缆。

ZLQD22——铝芯，不滴流纸绝缘，铅包，钢带铠装，聚氯乙烯外护套电力电缆。

ZQF22——铜芯，纸绝缘，分相铅包，钢带铠装，聚氯乙烯外护套电力电缆。

ZLL23——铝芯，纸绝缘，铝包，钢带铠装，聚乙烯外护套电力电缆。

VV22——铜芯，聚氯乙烯绝缘，钢带铠装，聚氯乙烯内、外护套电力电缆。

YJV22——铜芯，交联聚乙烯绝缘，钢带铠装，聚氯乙烯内、外护套电力电缆。

ZR-YJLW02——铜芯，交联聚乙烯绝缘，波纹铝护套，聚氯乙烯外护套阻燃电力电缆。

3. 电缆型号规范表示法

为了便于生产制造、订货和产品质量检验等工作，除标明代表型号的主要部分外，还应注明工作电压、芯数、截面积和长度以及生产采用的标准，使得电缆型号或者说是命名更加完整、准确，具有可操作性。例如 YJV22-8.7/10-3×240-600-GB/T 12706.2，表示铜芯，交联聚乙烯绝缘，聚氯乙烯内护套，钢带铠装，聚氯乙烯外护套电力电缆，额定电压为 8.7/10kV，三芯，标称截面积 240mm^2，长 600m，按国家标准 GB/T 12706.2 生产。

二、常用型号电力电缆的应用场合

电缆采用各种不同的敷设方式安装运行，例如直埋在地下土壤中、敷设在电缆沟槽、排管中、安装在高落差的竖井、矿井里和水底等，其所处环境和运行条件存在很大差异。电缆厂设计生产各种不同型号的电缆以适应各种敷设与运行条件，如钢带铠装电缆适用于直埋在地下，塑料护套电缆适用于在腐蚀严重的地区，钢丝铠装电缆能承受较大的拉力适用于高落差和水底等。选择电缆型号既要能适应周围环境、运行条件和安装方式的要求，保证运行安全可靠，又要节约成本、经济合理。在此仅说明常用型号电缆的应用场合，如表1-3所示。

表1-3　　常用型号电缆的应用场合

型号	名称	应用场合
XQ XLQ	铜（铝）芯橡皮绝缘裸铅包电缆	适用于敷设在室内、隧道内及管道中，电缆不能受到振动和一般外力作用，且对铅包应有中性的环境
XQ20 XLQ20	铜（铝）芯橡皮绝缘铅包裸钢带铠装电缆	适用于敷设在室内、隧道内及管道中，电缆不能承受大的拉力
XV XLV	铜（铝）芯橡皮绝缘聚氯乙烯护套电缆	适用于敷设在室内、隧道内及管道中，电缆不能承受机械外力作用，有防腐能力
XV20 XLV20	铜（铝）芯橡皮绝缘聚氯乙烯护套裸钢带铠装电缆	适用于敷设在室内、隧道及管道中，电缆能承受一般机械外力作用，但不能承受大的拉力
XHF XLHF	铜（铝）芯橡皮绝缘非燃性橡套电缆	适用于敷设在要求防燃的室内、隧道及管道中，电缆不能承受机械外力作用，有防腐能力
XHF20 XLHF20	铜（铝）芯橡皮绝缘非燃性橡套裸钢带铠装电缆	适用于敷设在要求防燃的室内、隧道及管道中，电缆能承受机械外力作用，但不能承受大的拉力
VV VLV	铜（铝）芯聚氯乙烯绝缘聚氯乙烯护套电力电缆	适用于敷设在室内、隧道内及管道中，电缆不能承受机械外力作用，有防腐能力
VY VLY	铜（铝）芯聚氯乙烯绝缘聚乙烯护套电力电缆	适用于敷设在室内、隧道内及管道中，电缆不能承受机械外力作用，有防腐能力
VV22 VLV22	铜（铝）芯聚氯乙烯绝缘钢带铠装聚氯乙烯内外护套电力电缆	适用于敷设在室内、隧道内、管道中及地下，电缆不能承受大的拉力，有防腐能力
VV23 VLV23	铜（铝）芯聚氯乙烯绝缘钢带铠装聚氯乙烯内护套聚乙烯外护套电力电缆	适用于敷设在室内、隧道内、管道中及地下，电缆不能承受大的拉力，有防腐能力
VV32 VLV32	铜（铝）芯聚氯乙烯绝缘细钢丝铠装聚氯乙烯内外护套电力电缆	适用于敷设在竖井、矿井、水底及地下，电缆能承受一定的拉力，有防腐能力
VV33 VLV33	铜（铝）芯聚氯乙烯绝缘细钢丝铠装聚氯乙烯内护套聚乙烯外护套电力电缆	适用于敷设在竖井、矿井、水底及地下，电缆能承受一定的拉力，有防腐能力
VV42 VLV42	铜（铝）芯聚氯乙烯绝缘粗钢丝铠装聚氯乙烯内外护套电力电缆	适用于敷设在竖井、矿井及水底，电缆能承受大的拉力，有防腐能力
VV43 VLV43	铜（铝）芯聚氯乙烯绝缘粗钢丝铠装聚氯乙烯内护套聚乙烯外护套电力电缆	适用于敷设在竖井、矿井及水底，电缆能承受大的拉力，有防腐能力
YJV YJLV	铜（铝）芯交联聚乙烯绝缘聚氯乙烯护套电力电缆	适用于敷设在室内、外，隧道内，管道中及松散土壤中，电缆不能承受机械外力作用

续表

型号	名称	应用场合
YJY YJLY	铜（铝）芯交联聚乙烯绝缘聚乙烯护套电力电缆	适用于敷设在室内、外，隧道内，管道中及松散土壤中，电缆不能承受机械外力作用
YJV22 YJLV22	铜（铝）芯交联聚乙烯绝缘钢带铠装聚氯乙烯内外护套电力电缆	适用于敷设在室内、隧道内、管道中及地下，电缆不能承受大的拉力，有防腐能力
YJV23 YJLV23	铜（铝）芯交联聚乙烯绝缘钢带铠装聚氯乙烯内护套聚乙烯外护套电力电缆	适用于敷设在室内、隧道内、管道中及地下，电缆不能承受大的拉力，有防腐能力
YJV32 YJLV32	铜（铝）芯交联聚乙烯绝缘细钢丝铠装聚氯乙烯内外护套电力电缆	适用于敷设在竖井、矿井、水底及地下，电缆能承受一定的拉力，有防腐能力
YJV33 YJLV33	铜（铝）芯交联聚乙烯绝缘细钢丝铠装聚氯乙烯内护套聚乙烯外护套电力电缆	适用于敷设在竖井、矿井、水底及地下，电缆能承受一定的拉力，有防腐能力
YJV42 YJLV42	铜（铝）芯交联聚乙烯绝缘粗钢丝铠装聚氯乙烯内外护套电力电缆	适用于敷设在竖井、矿井及水底，电缆能承受大的拉力，有防腐能力
YJV43 YJLV43	铜（铝）芯交联聚乙烯绝缘粗钢丝铠装聚氯乙烯内护套聚乙烯外护套电力电缆	适用于敷设在竖井、矿井及水底，电缆能承受大的拉力，有防腐能力

注 对于在有防火要求场所使用的聚氯乙烯和交联聚乙烯阻燃电缆，在型号前加 ZR-。

第四节 电力电缆的材料

一、电力电缆的导体材料

电缆线芯的作用是输送电流。为减小电缆线芯上的电压降和功率损耗，电缆线芯一般用具有高电导系数的铜或铝制成。

铜作为电缆线芯具备许多优异的物理性能，如导电系数大，机械强度高，工艺性好，容易加工，易于压延、拉丝和焊接，同时还耐腐蚀，是电缆线芯最广泛采用的金属材料。铝是导电性能仅次于金、银、铜的导电材料，它的矿产资源比铜的矿产资源更为丰富，价格较低，因此也被广泛采用。铜与铝的物理性能如表 1-4 所示。

从表 1-4 可看出，铝的机械性能与导电性能均比铜略差，但对于敷设安装后固定的电缆线路来说，导体在运行过程中一般并不承受很大的拉力，只要导体具有一定的柔软性和机械强度，易于生产制造和施工安装，就能满足作为电缆导体的基本要求。所以铜和铝这两种导体均能用来制作电缆线芯。

表 1-4　　铜、铝物理性能

物理性能	铜	铝	物理性能	铜	铝
密度（g/cm³）	8.9	2.7	熔解热（cal/g）	50.6	93
抗拉强度（MPa）	2.548～2.744	≥0.784	电阻系数（20℃时）（Ω·mm²/m）	0.01724	0.0283
熔点（℃）	1033	658	电阻温度系数（1/℃）	0.003931	0.00403

从导电性能看，铜在20℃时电阻系数为0.01724Ω·mm²/m，铝的电阻系数比铜大，为0.0283Ω·mm²/m，是铜的1.64倍。要使同样长度的铜线与铝线具有相同的电阻，铝线芯的截面积是铜线芯的1.64倍，直径是铜线的1.28倍。但由于铝的密度比铜小很多，即使截面积增大到1.64倍，铝线芯的重量也只有铜线芯的1/2。从表中还可以看出，铝的电阻温度系数比铜的大，换言之就是随着温度的升高，铝的通流能力比铜下降得快。

在城市中，电力通道越来越拥挤且珍贵，为了节省空间，主网中基本上只采用铜芯电力电缆。

经过上述分析可知，由于铝的电阻率比铜大，在导电能力同等时铝线的直径较大，无形中增加了电缆绝缘材料与保护层材料的用量。另一方面，铝线质量比铜线轻一半，加上铝线的截面积大，散热面积增加，实际上要达到同样的负载能力，铝线截面积只需达到铜线的1.5倍就可以了，由于这些原因，铝芯电缆还有着足够的经济价值。

从安装运行来看，铜的性能比铝优越。铜线芯的连接容易操作，不论采用压接还是焊接，均容易满足运行要求。而铝线芯连接就比较困难，运行中的接头还容易因接触电阻增大而发热。

铜对于充油电缆的矿物油、油纸电缆的松香复合浸渍剂、橡皮电缆的硫化橡胶等有加速老化的作用。在此情况下，可使用表面镀锡的铜线芯，使铜不直接与这些物质接触，以降低老化速度。采用镀锡铜线提高了电缆的质量，也使线芯的焊接更加容易。

二、电力电缆的绝缘材料

作为电缆绝缘层的材料，除应满足前述基本性能的要求以外，价格还应当便宜。绝缘材料的价格对电缆的造价影响很大，价格昂贵，就不能大范围使用。

1. 电缆纸

电缆纸的基本成分是木质纤维素，纤维素是一种天然的高分子化合物，它常用软木中的松杉料如黄柏、白松、红毛杉等木材制成。

它具有很高的稳定性，不溶于水、酒精等有机溶剂，同时也不与弱碱及氧化剂等起作用，因此，纯纤维素做成的纸经久耐用。纤维素纸具有毛细管结构，它的浸渍性远大于聚合薄膜，这是聚合物薄膜未能取代纤维素纸的主要原因。

纸具有很大的吸湿性，纸内含水量的大小对纸的电气性能影响很大。电缆纸中含水会大大降低其绝缘电阻和击穿场强，并使介质损耗增大。因此，浸渍纸绝缘电缆在浸渍前必须严格进行干燥，除去纸中的水分。由于水分会渗透到纸的微细孔中，所以干燥过程都在高度真空下进行。

2. 浸渍剂

浸渍纸绝缘的浸渍剂按其黏度可分两大类，即黏性浸渍剂和高压电缆油。常说的浸渍剂是指 35kV 及以下浸渍纸绝缘电缆用的，它实际上是光亮油和松香等的混合物，由于现代化学工业的发展，合成微晶蜡逐步代替了松香。

黏性浸渍剂也有两种。一种是黏性浸渍剂，用于油浸纸绝缘电缆，在工作温度下浸渍剂是流动的，所以必须限制电缆的敷设落差。另一种是不滴流浸渍剂，用于不滴流电缆，在工作温度下浸渍剂是不流动的，所以电缆不受敷设落差的限制。不滴流浸渍剂在工艺温度时具有良好的流动性，以保证电缆绝缘纸得到充分的浸渍，但在电缆运行温度范围内，它不能流动而成为塑性固体。不滴流浸渍剂的电气性能与黏性浸渍剂大体相同，但它在 80℃以下是不流动的塑性体。

高压电缆油要求黏度低，具有良好的流动性。主要用作充油电缆的浸渍剂的是矿物油和合成电缆油。

3. 聚氯乙烯（PVC）

在我国，氯乙烯目前主要由乙炔与氯化氢加成而得。氯乙烯合成聚氯乙烯是属于游离基反应，常用偶氮二异丁腈过氧化二碳酸二异丙酯等作引发剂，经历链的开始、链的增长和链的终止三个阶段，最后形成了聚氯乙烯大分子。制造聚氯乙烯可采用悬浮聚合、乳液聚合、本体聚合以及溶液聚合等四种聚合方法。

聚氯乙烯（PVC）塑料是以聚氯乙烯树脂为基础加入稳定剂、增塑剂、着色剂等物质按一定比例调和而成。由于其具有机械性能优越，耐化学腐蚀，不延燃，耐气候性好，有足够的电绝缘性能，容易加工，成本低等特点，广泛用作电线电缆的绝缘和护套材料。

聚氯乙烯树脂为无定形聚合物，分子链中存在着两种运动单元，即分子链整体运动和链段运动，由于运动单元的双重性，使聚氯乙烯树脂在不同温度下有三种物理状态。它的玻璃化温度 T_g 为 80℃左右，粘流温度 T_f 为 160℃左右。这样它在室温下处于玻璃状态，这很难满足电线电缆使用的要求。为了满足要求，必须将聚氯乙烯进行改性，使其在室温下能具有较高的弹性，同时又见有较高的耐热性和耐寒性。加入增塑剂能够调节玻璃化温度，也可采用内增塑方法，以增加塑性，改进柔软性。

聚氯乙烯的化学稳定性很高，除若干有机溶剂（如环己酮）外，常温下可耐任何浓度的盐酸，90%以下的硫酸，50%～60%的硝酸，以及 20%以下的烧碱（氢氧化钠），此外对于盐类相当稳定；汽油、润滑油对它均不起作用，所以它的耐水、耐油、耐化学腐蚀性能较好，但其化学稳定性随温度升高而降低。

聚氯乙烯树脂是一种极性较大的电介质，电绝缘性能较好，但比非极性材料（聚乙烯、聚丙烯）稍差。树脂的体积电阻率大于 $10^{15}\Omega\cdot cm$；树脂在 25℃和 50Hz 频率下的介电常数为 3.4～3.6，当温度和频率变化时，介电常数也随之明显的变化；聚氯乙烯的介质损耗角正切 $\tan\delta$ 为 0.002～0.004。树脂的击穿场强不受极性影响，在室温和工频条件下的击穿场强比较高。但是聚氯乙烯的介质损耗较大，因而不适应于高压和高频的场合，通常应用于 10kV 以下的低压和中压电线电缆的绝缘材料，大量应用于 1kV 及以下电缆产品。

聚氯乙烯在火焰上燃烧时，分解放出氯化氢气体，离开火焰即自行熄灭，因此其非燃性能好，着火时不延燃，适宜用作电缆护套，尤其是要求耐燃性好的船用、矿用电缆等。

4. 聚乙烯（PE）

聚乙烯是由单体乙烯聚合而成的高聚物。乙烯是最简单的烯烃，常温常压下为无色可燃性气体，稍具烃类臭味，沸点－103.8℃。单体乙烯的两个来源分别是由酒精脱水制备和由石油的热裂化制得。

一般情况下，聚乙烯可耐酸（盐酸、氢氟酸以及硫酸）、碱及盐类水溶液的腐蚀作用，即使在较高浓度下，对聚乙烯也无显著的破坏作用。但聚乙烯不能抵抗具有氧化作用的酸类侵蚀，如硝酸，即使在较低浓度下也可导致聚乙烯氧化，而使其电绝缘性能变坏、机械强度降低，当温度升高时，这种氧化作用更显著。聚乙烯在室温下或低于 60℃时，不溶于一般有机溶剂中，在较高温度下可溶于某些有机溶剂（如脂肪烃、芳香烃）中。聚乙烯具有较小的吸水性，在水中浸放一个月吸水性仅为0.15%。

聚乙烯具有优良的电绝缘性能，介电常数和介质损耗角正切很小，并且在很宽的范围内几乎不变，是很理想的高频绝缘材料。介电常数 ε 为2.3，介质损耗角正切值 $\tan\delta$ 为0.0001。

聚乙烯分低密度聚乙烯（LDPE）、中密度聚乙烯（MDPE）、高密度聚乙烯（HDPE）三种。

5. 交联聚乙烯（XLPE）

聚乙烯虽然具有一系列优点，但耐热性和机械性能低，蠕变性大，易产生环境应力开裂，妨碍聚乙烯在电缆绝缘中的应用。目前为了克服这些缺点，除在绝缘料中加入各种添加剂外，主要途径是采用交联法，即利用化学或物理方法将聚乙烯的分子结构从直链状变为三维空间的网状结构，称为交联聚乙烯。交联聚乙烯克服了聚乙烯的缺点，机械、耐热、抗蠕变以及抗环境开裂性能大大提高，同时还保持了聚乙烯的优良性能。用交联聚乙烯作绝缘材料的电缆，长期工作温度可提高到90℃，瞬时短路温度可达250℃。

交联聚乙烯的生产方法有辐照交联、硅烷交联、化学交联。

6. 乙丙橡胶（EPR）

乙丙橡胶是以乙烯、丙烯为主要单体，采用三氯氧钒与倍半氯乙基铝催化体系，在常温低压下溶液混合而成。为便于硫化，加入少量非共轭二烯作为第三单体，常用1，4己二烯、双环戊二烯和乙叉冰片烯。乙丙橡胶中丙烯含量为25%～45%，第三单体含量为3%～10%，分子量分布较宽，平均分子量都在25万以上。

乙丙橡胶的基本性能：

（1）具有优异的电性能，尤其是耐电晕性，耐游离放电的能力特别突出。受潮和温度的变化对电性能影响小。

（2）突出的耐老化性能，具有较高的耐热性，长期工作温度为90℃，短时可达150℃。

（3）足够的机械性能，用炭黑补强后才显示较好的机械性能。

（4）较好的化学稳定性，对各种极性的化学药品和酸、碱有较大的抗耐性，长时间接触后性能变化不大。

（5）乙丙橡胶的缺点是硫化速度比一般的合成橡胶慢，对碳氢化合物油类的稳定性较差，自粘性和互粘性都很差，加工困难。总体看，它的性能优于丁基橡胶，可作耐压等级高的电力电缆的弹性绝缘材料。

7. 硅橡胶（Si-o）

硅橡胶是一种特种橡胶，所谓的特种橡胶，就是在一项性能上超过通用橡胶，以适应特种绝缘的要求，为使得能在某一项性能上突出，所用的单体就要比通用橡胶的昂贵。硅橡胶以耐热著称，是一种耐热橡胶。

硅橡胶的优点：

（1）较高的耐热性和优异的耐寒性。

（2）优良的电绝缘性。它又具有无机材料的特点，耐电晕、耐电弧性特别优越。

（3）优异的耐臭氧老化、热老化、紫外光老化和大气老化性能。

（4）具有较好的耐油性和耐溶剂性能，具有良好的导热性，这有利于电线电缆的散热，提高电缆的载流量。

（5）硅橡胶无色无味无毒，使用时对人体健康无不良影响，而且是疏水性的，对许多材料不粘，可起隔离作用。

硅橡胶的缺点：在常温下，其抗张强度、撕裂强度和耐磨性等比其他合成橡胶低得多。它耐酸碱性差，价格贵，透气性高。而且加工工艺性能差，较难硫化。

硅橡胶主要用作船舰的控制电缆、电力电缆和航空电线的绝缘材料、制造高压和超高压电缆附件的应力锥，用硅橡胶 RTV 涂料涂在磁绝缘子表面，提高抗污闪能力。

三、电力电缆的屏蔽材料

油纸电缆的导体屏蔽材料一般用金属化纸带或半导电纸带。绝缘屏蔽层一般采用半导电纸带。

半导电纸有单色和双色两种。半导电纸是在纸纤维中掺入胶体碳粒所制成的纸。半导电纸的表面不应有皱纹、折痕及各种不同的斑点；纸面不应有穿孔、裂口和光线通过的小孔以及肉眼可见的金属杂质微粒。金属化纸是用电缆纸作基材，用黏合剂黏合铝箔后形成的复合纸，铝箔必须紧密地粘贴在电缆纸上，不应有脱胶和气泡存在，边缘应整齐，不应有锯齿形和倒刺现象。

半导电聚乙烯是在聚乙烯中加入导电炭黑获得的，一般应采用细粒径、高结构的炭黑。当炭黑加到一定数量后才显出导电性能，这时电阻迅速降低，以后随用量增加电阻逐渐减小，并接近各种炭黑自己的特性值，体积电阻率一般在

$(1\sim10)\times10^{-2}\Omega\cdot m$。

应注意交联聚乙烯半导电层呈空间网状结构，用砂纸打磨后，导电性能明显降低，可通过加热的方法使内层炭黑析出，恢复导电性能。

四、电力电缆的金属护套材料

目前投入实际应用的有铅护套、铝护套、铜护套和不锈钢护套。其中，铅护套和铝护套是最常用的两种金属护套。

1. 铅护套及铅的主要物理性能

铅护套加工工艺主要采用热挤包。其厚度受电压等级、截面积、载流量、系统接地电流、机械强度等的影响。根据 GB/T 11017.2—2014《额定电压 110kV（U_m=126kV）交联聚乙烯绝缘电力电缆及其附件　第 2 部分：电缆》的规定，110kV 电缆铅护套的厚度一般是 2.6～3.3mm；根据 GB/T 18890.2—2015《额定电压 220kV（U_m=252kV）交联聚乙烯绝缘电力电缆及其附件　第 2 部分：电缆》的规定，220kV 电缆铅护套的厚度一般是 2.7～3.4mm。

铅的主要物理性能：

（1）密度：$11.34g/cm^3$。

（2）熔点：327℃。

（3）20℃时，线膨胀系数：29.1×10^{-6}/℃。

（4）电阻率：$22\times10^{-8}\Omega\cdot m$。

（5）抗拉强度：$18\sim20N/mm^2$。

铅容易加工，化学稳定性好，耐腐蚀。缺点是机械强度较差，具有蠕变性和疲劳龟裂性。我国目前用作电缆金属护套的铅是合金铅，其成分是铅、锑、铜，含锑 0.4%～0.8%，含铜 0.02%～0.06%，其余为铅。经试验，在相同应力作用下，铅锑铜合金的耐振动疲劳次数约比纯铅大 2.7 倍。

2. 铝护套及铝的主要物理性能

铝护套加工工艺主要采用热压连铸连轧和氩弧焊接两种。其厚度也受电压等级、截面积、载流量、系统接地电流、机械强度等的影响。根据 GB/T 11017.2—2014 的规定，110kV 电缆铝护套的厚度一般是 2.0～2.3mm；根据 GB/T 18890.2—2015 的规定，220kV 电缆铝护套的厚度一般是 2.4～2.8mm。

铝的主要物理性能：

（1）密度：$2.7g/cm^3$。

（2）熔点：658℃。

（3）20℃时，线膨胀系数：23.7×10^{-6}/℃。

（4）电阻率：$2.83\times10^{-8}\Omega\cdot m$。

（5）抗拉强度：70～95N/mm²。

铝的蠕变性和疲劳龟裂性比铅合金要小得多，因此，铝护套电缆的外护套结构可以大大简化，直埋敷设时无需用铜带或不锈钢带铠装。缺点是铝比铅容易遭受腐蚀；搪铅工艺比铅护套电缆要复杂。

五、电缆相关其他材料

1. 环氧树脂（EP）

环氧树脂具有很高的机械强度，耐热和耐化学稳定性；具有很高的黏结力。其特点如下：

（1）环氧树脂能与金属、玻璃、陶瓷等黏结。

（2）电绝缘性能较好。ρ_v 为 1013Ω·cm，ε 和 $\tan\delta$ 分别为 3.7 和 0.023～0.025，E_b 为 1.71～19.7kV/mm。

（3）固化后的环氧树脂，机械性能较好，耐磨性也好。

（4）耐化学溶剂，耐油性较好。

（5）收缩性较小，热膨胀系数小，温度变化时环氧树脂的外形尺寸较稳定，不易变化，固化过程中没有副产物生成，不易产生气泡。

（6）工艺性能良好，可通过浇铸、熔涂、浸渍等工艺，应用于电工许多方面和电线电缆工业。

（7）未加固化剂的环氧树脂，本身存放稳定，加入固化剂，则不易久存，这给应用带来困难。

2. 防火涂料和防火带

我国20世纪70年代后期开始把防火涂料用于电缆上，之后又研制了改性氨基膨胀型防火涂料和防火包带，现已得到广泛应用。

膨胀型防火涂料的主要特点是，以较薄的覆盖层起到较好的防火、阻燃效果，几乎不影响电缆的载流量。由于涂料在高温下比常温时膨胀许多倍，因此能充分发挥其隔热作用，更有利于防火阻燃，却不至于妨碍电缆的正常散热。这种涂料具有刷涂和喷涂施工方便的优点，即使在狭窄沟道、隧道空间也可进行施工。

涂刷前应先将电缆表面的泥砂、油渍清除掉，然后用漆刷刷涂或喷枪喷涂。防火效果的关键是必须保证涂料层的厚度。由于涂料的黏度有限，要分多次涂刷才能达到要求的厚度，每次涂刷漆膜厚度为0.2～0.3mm。第一次涂刷后经12～24h再涂第二次，以后依次循环。第一次涂刷的厚度宜薄不宜厚，否则会使整个涂层的附着力降低。为增强涂料的附着力，可在涂刷前先在电缆外叠绕一层玻璃丝带，然后再涂刷。

涂料的主要缺点是涂膜的机械强度有限，需设法维护，使其不受外力损伤。然而对于大截面积电缆，对电缆的热胀冷缩涂膜也不一定能适应，故防火涂料多应用于中低压电缆，不适用于大截面积的高压电缆。

防火包带可弥补涂料的缺点，适合于大截面积的高压电缆，具有加强机械强度的保护作用。施工比涂料简便，能准确把握缠绕厚度，质量易得到保证。缺点是缠绕时需要有一定的活动空间，在密集的电缆架上施工不方便。又因包带不具有膨胀性能，故比膨胀防火涂料的覆盖厚度要厚，对电缆的正常载流能力有影响。

3. 防火堵料、填料

国内外多次电缆火灾事故充分显示了电缆贯穿墙壁或楼板的孔洞未封堵时所产生的严重后果。在电缆火势蔓延下，波及控制室或开关室的设备，造成盘、柜严重受损。变电站盘柜受损后修复极耗时间，造成长时间的停电，即使火灾直接损失有限，但停电带来的经济损失巨大。因此，电缆贯穿孔洞的封堵已受到普遍的重视。防火堵、填料有7551-Ⅱ型发泡型电缆密封填料、DMT灌注型电缆耐燃密封填料、DMT-J_2嵌塞型填料和DFD-Ⅱ型电缆防火堵料等。

7551-Ⅱ型填料的特点是物料渗透性强，发泡时胀力大，密封性能好，尤其对根数较多的成束电缆穿过墙壁的填料盒或电缆洞时具有优良的水密封性能。成型后的填料质轻，阻水性好，填料固化成型时间短，可拆性好。

DMT灌注型电缆耐燃密封填料是用于舰船电缆密封装置中阻火防火的密封填料，也用作建筑物或电力部门电缆穿孔处的密封填料。该填料灌注方便，硬化后硬度适中，具有弹性，有极其良好的水密性能。

DMT-J_2嵌塞型填料可广泛应用于金属、塑料管的密封，和地下建筑、高层建筑电缆贯穿部位的密封、防火和阻燃。

DFD-Ⅱ型电缆防火堵料具有良好的阻火堵烟性能，主要用于工矿企业、民用与高层建筑各种供电系统中堵塞电缆孔洞的缝隙。

4. 聚四氟乙烯（F-4）

聚四氟乙烯简称F-4，是一种工程塑料。聚四氟乙烯具有优异的电绝缘性，由于它的分子链中的氟原子对称，均匀分布，不存在固有的偶极距，使介质损耗角正切和相对介电系数在工频到 10^9 Hz 范围内变化很小。聚四氟乙烯的绝缘电阻很高，其体积电阻率一般大于 $10^{15}\Omega\cdot m$，即使长期浸于水中变化也不显著，随温度变化也不大。聚四氟乙烯的击穿场强很高，很薄的聚四氟乙烯薄膜，其击穿场强可达 200kV/mm，但随着厚度的增大，击穿场强逐渐降低。聚四氟乙烯有很好的耐湿性和耐水性，耐气候性优良，耐辐照性欠佳。

5. 硅油

硅油是一种不同聚合度链状结构的聚有机硅氧烷。在电缆工程中，硅油可用作电缆终端中的绝缘剂，硅脂可用作润滑剂和填充绝缘缝隙。

硅油一般是无色（或淡黄色）、无味、无毒、不易挥发的液体。硅油不溶于水、甲醇、乙醇和乙氧基乙醇，可与苯、二甲醚、甲基乙基酮、四氯化碳或煤油互溶，稍溶于丙酮、二恶烷、乙醇和丁醇。硅油具有卓越的耐热性、电绝缘性、耐候性、疏水性、生理惰性和较小的表面张力。

第五节　电力电缆附件的基础知识

一、电力电缆附件的基础知识

电力电缆附件是电力电缆线路的重要组成部分，只有通过电缆附件，才能实现电缆与电缆之间的连接，电缆与架空线路、变压器、断路器等输电线路和电气设备的连接，才能发挥输送和分配电能的作用。

电力电缆附件主要分为终端和中间接头两大类。

电力电缆附件不同于其他工业产品，工厂不能提供完整的电缆附件产品，只是提供附件的材料、部件或组件，必须通过现场安装在电缆上以后才构成真正的、完整的电缆附件。因此，要保持运行中的电力电缆头有良好的性能，不仅要求设计合理、材料性能良好、加工质量可靠，还要求现场安装工艺正确、操作认真仔细。这就不仅要求从事电缆附件安装的工作人员了解掌握电缆附件的有关知识，而且要有相应的工艺标准来严格控制。

（一）电力电缆终端

电力电缆终端安装在电缆末端，以使电缆与其他电气设备或架空输导线相连接，并维持绝缘直至连接点的装置。如图 1-11 所示是 10kV 三芯交联聚乙烯电缆

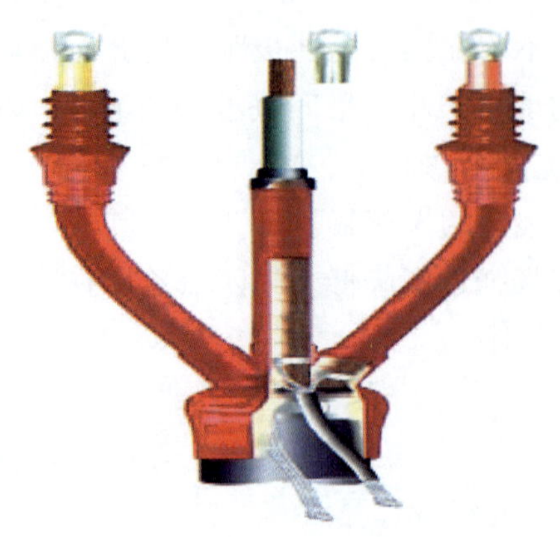

图 1-11　10kV 三芯交联聚乙烯电缆终端示意图

终端示意图。

1. 电缆终端的作用

（1）均匀电缆末端电场分布，实现电应力的有效控制。

（2）通过接线端子、出现杆实现与架空线或其他电气设备的电气连接。

（3）通过终端的接地线实现电缆线路的接地。

（4）通过终端的密封处理实现电缆的密封，免受潮气等外部环境的影响。

2. 电缆终端分类

（1）电缆终端按照使用场所可分为户内终端、户外终端、GIS 终端和变压器终端。户内终端由于处于室内，自然界对其影响小，故可选用简单一些的型式，降低制作成本。

（2）终端按其不同特性的材料分以下几种。

1）绕包式。这是一种较早应用的方式，用带状的绝缘包绕电缆应力锥，油纸绝缘电缆的内绝缘常以电缆油或绝缘胶作为主要绝缘并填充终端内气隙。电缆终端外绝缘设计，不仅要求满足电气距离的要求，还要考虑气候环境的影响。

2）浇注式。用液体或加热后呈液态的绝缘材料作为终端的主绝缘，浇注在现场装配好的壳体内，一般用于 10kV 及以下的油纸电缆终端中。

3）模塑式。用辐照聚乙烯或化学交联带，在现场绕包于处理好的交联电缆上，然后套上模具加热或同时再加压，从而使加强绝缘和电缆的本体绝缘形成一体。一般用于 35kV 及以下交联电缆的终端上。日本在 500kV 交联聚乙烯电缆上也有应用，但操作工艺复杂，工期很长，影响了实际应用。

4）热（收）缩式。用高分子材料加工成绝缘管、应力管、伞裙等在现场经装配加热能紧缩在电缆绝缘线芯上的终端。主要用于 35kV 及以下塑料绝缘电缆线路中。

5）冷（收）缩式。用乙丙橡胶、硅橡胶加工成管材，经扩张后，内壁用螺旋形尼龙条支撑，安装时只需将管子套上电缆芯，拉去支撑尼龙条，靠橡胶的收缩特性，管子就紧缩在电缆芯上。一般用于 35kV 及以下塑料绝缘电缆线路中，特别适用于严禁明火的场所，如矿井、化工及炼油厂等。

6）预制式。用乙丙橡胶、硅橡胶或三元乙丙橡胶制作的成套模压件。其中包括应力锥、绝缘套管及接地屏蔽层等各部件，现场只需将电缆绝缘做简单的剥切后，即可进行装配。可做成户内、户外或直角终端，用在 35kV 及以下的塑料绝缘的电缆线路中。

现在电缆线路中应用最多的是热缩式、冷缩式和预制式三种类型的终端。

（二）电力电缆中间接头

中间接头是连接电缆与电缆的导体、绝缘、屏蔽层和保护层，以使电缆线路连续的装置。如图 1-12 所示是三芯交联聚乙烯电缆中间头示意图。

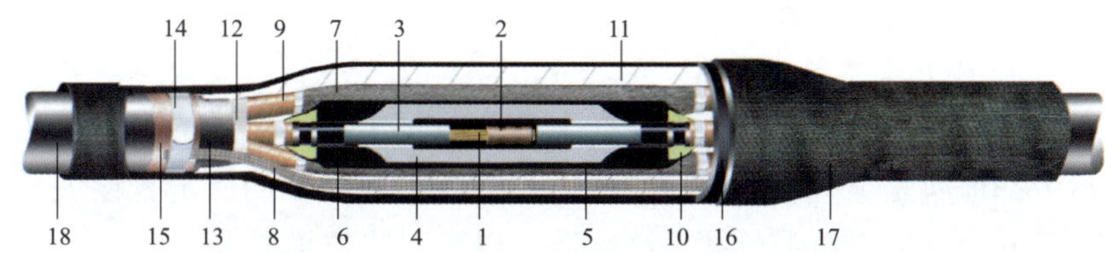

图 1-12　三芯交联聚乙烯电缆中间头示意图

1—线芯；2—导体连接管；3—线芯主绝缘；4—中间接头绝缘层；5—中间接头半导电层；6—半导电层；7—铜屏蔽网；8—镀锡铜编织带；9—铜屏蔽层；10—绝缘填充胶；11—白砂布；12—填充物；13—电缆内护套；14—恒力弹簧；15—钢铠；16—防水带；17—铠装带；18—电缆

1. 中间接头的作用

（1）电应力的控制。

（2）实现电缆与电缆之间的电气连接。

（3）实现电缆的接地或接头两侧电缆金属护套的交叉互联。

（4）通过中间接头的密封实现电缆的密封。

2. 中间接头分类

（1）中间接头按照用途不同可以分为以下 7 种。

1）直通接头：连接两根电缆形成连续电路。

2）绝缘接头：将导体连通，而将电缆的金属护套、接地屏蔽层和绝缘屏蔽在电气上断开。以利于接地屏蔽或金属护套进行交叉互联，降低金属护套感应电压，减小环流。

3）塞止接头：将充油电缆线路的油道分隔成两段供油。

4）分支接头：将支线电缆连接至干线电缆或将干线电缆分成支线电缆。

5）过渡接头：连接两种不同类型绝缘材料或不同导体截面积的电缆。

6）转换接头：连接不同芯数电缆。

7）软接头：接头制成后允许弯曲呈弧形状，主要用于水底电缆。

（2）中间接头按其不同特性的材料也分为绕包式、浇注式、模塑式、热（收）缩式、冷（收）缩式、预制式6种类型。其中预制式有整体预制式和组装预制式，整体预制式主要部件是橡胶预制件，预制件内径与电缆绝缘外径要求过盈配合，以确保界面间维持足够压力；组装预制式以预制橡胶应力锥及预制环氧绝缘件在现场组装并采用弹簧机械紧压。

现在电缆线路中应用最多的是热缩式、冷缩式和预制式三种类型的中间接头。

（三）其他基本技术要求

1. 电缆附件的基本技术要求

一般电缆线路的故障大部分发生在电缆的附件上，故电缆的附件无论从理论上或实际中都证实是电缆线路的薄弱环节，因此电缆附件的质量直接关系到电缆线路的运行安全，所以电缆的接头必须满足以下一些技术要求。

（1）导电性能良好。电缆与电缆之间或与其他电气设备连接时，导电性能的连续性发生了变化，为保证不减少电缆的输送电能，要求连接处的电阻与同长度、同截面积、同材料导体的电阻相同，运行后连接处的电阻应小于同长度、同截面积和同材料导体电阻的1.2倍。

（2）机械强度良好。电缆与电缆之间或与其他电气设备连接时，电缆的机械强度也发生了变化。为了保证电缆有足够的机械强度，要求连接处的抗拉强度不低于导体本身的60%，并具有一定的耐振动性能。

（3）绝缘性能良好。电缆与电缆之间或与其他电气设备连接时，连接处必须去除电缆的绝缘，一般都需加大连接点的截面积和距离等，从而使接头内部的电场分布发生不均匀现象，因此在接头内部不但要恢复绝缘，并且要求接头的绝缘强度不低于电缆本体。

（4）密封性能良好。电缆与电缆之间或与其他电气设备连接时，连接处电缆的密封被破坏。为了防止外界的水分和杂物的侵入，防止电缆或接头内的绝缘剂流失，电缆附件均应达到可靠的密封性能要求。

（5）防腐蚀。在制作电缆接头时，要使用焊剂、清洁剂、填充物和绝缘胶等之类的材料，这些材料必须是无腐蚀性的，并且在接头部位的表面采取防腐蚀措施，以防止周围环境对接头产生腐蚀作用。

2. 密封处理

电缆接头的增绕绝缘及电场的处理是接头成败的关键，但接头密封工艺的质量往往直接牵涉电缆接头能否正常安全运行，必须重视密封处理这一环节，在设计和安装上应予以充分考虑。

（1）油纸电缆密封。对于油浸纸绝缘电缆，因其绝缘外有金属护套（铅或铝包），因此都采用封铅工艺来进行附件的密封处理。封铅要求与电缆本体铅（铝）包及接头套管或终端法兰紧密连接，使其达到与电缆本体有相同的密封性能和机械强度。另外，在封铅过程中又不能因温度过高、时间过长而烧伤电缆本体内部绝缘。

高压、超高压充油电缆接头和终端在运行中往往要承受一定的压力，所以封铅要求较高，一般应分两次进行，内层为起密封作用的底铅，外层为起机械保护作用的外铅。高压、超高压电缆在运行中对护层绝缘要求较高，所以在接头铜盒外要加灌环氧树脂，同时也起一定的密封作用。

（2）塑料电缆密封。对于塑料电缆绝缘外有密封防水金属护套的高压、超高压电缆附件，常采用与充油电缆相同的封铅来进行密封；对于塑料电缆绝缘外无密封防水金属护套的中、低压电缆附件，则通常用一些防水带材及防水密封胶来进行电缆附件密封。水分的侵入会在塑料电缆绝缘表面形成水树枝现象，从而会大大加速其绝缘的老化，所以说塑料电缆的密封要求是很高的。塑料电缆常用的密封材料有以下几种。

1）密封防水带。一般绕包在电缆附件增绕绝缘的最外层或附件与电缆外护层连接部位。常用的有乙丙橡胶带，增绕绝缘材料除了作为附件的主绝缘外，也有防水的密封功能。

2）密封热缩管。它是一种遇热后能均匀收缩的塑料管，已广泛地用在塑料电缆附件上，用于整个附件的防水密封。其管内涂有热熔胶，经加热以后收缩与电缆本体绝缘外护层紧密粘连，从而达到密封防水作用。

3）防水胶。为了更好地对电缆接头进行密封防水处理，目前常在接头外再加装一只玻璃钢保护盒，内灌满沥青防水胶或其他防水化合物，使其凝固后达到防止水分浸入内部的作用，这些措施同样也能对整个接头起机械保护的作用。

3. 电晕及限制电晕放电的方法

（1）电晕放电现象的一般描述。在极不均匀电场中，最大场强与平均场强相差很大，以至当外加电压及其平均场强还较低时，电极曲率半径较小处附近的局部场强已很大。在这局部场强区中，产生强烈的游离，但由于离电极稍远处场强已大为减小，所以，此游离区不可能扩展到很大，只能局限在电极附近的局部场强范围内，伴随着游离而存在的复合与反激励，发生大量的光辐射，便在黑暗中可以看到在该电极附近空间发生蓝色的晕光。这就是电晕，这个晕光层就叫电晕层。当电晕放电达到一定程度后，就会导致沿面闪络。电晕放电具有如下的一些效应：

1）有声、光、热等效应，表现为发出“丝丝”的声音、蓝色的晕光以及周围气体温度升高等。

2）电晕放电过程中会产生许多化学反应，并产生能量损耗，所产生的氧化剂是加速绝缘老化的重要因素之一。

（2）限制电晕方法。运行中的电缆终端瓷套管表面、安装在湿度较大地方的户内电缆终端（如老式干封头）、环氧树脂头及新型各类热缩头三芯分叉处的电缆尾线引出的部位、安装在废气污染较严重地方户外终端尾线及出线夹具、油纸电缆接头铅包端口、塑料电缆接头铜屏蔽及半导电体切断部位等很容易出现电晕，所以在电缆终端、接头绝缘设计和安装运行环境方面要充分考虑到电晕放电的现象。根据电晕放电的一些特征，常常采用一些必要的方法来改善电场，限制电晕的发生。

1）采用外屏蔽装置来改善电极形状，使沿固体电介质表面的电压分布均匀化，使其最大电位梯度减小。高压电力系统中很多电气设备的出线套管顶端常用的绝缘帽、屏蔽罩或屏蔽环等都是外屏蔽原理的具体应用，是限制电晕的一些较有效的方法。

高压电缆终端外屏蔽结构的要求一般为：瓷套高压端和接地端在工作电压下不能出现电晕，在型式试验电压下不能有强烈的、向两端发展的放电电弧；能有效地提高瓷套外绝缘的闪络强度；结构要尽量简单并便于加工制造。以上要求在进行终端绝缘设计时应充分考虑。

2）高压电力系统多年的运行经验表明，恶劣的大气条件如雾、露、雪、毛毛雨等天气，极易发生电晕或污闪，因此对安装在这些环境中的电缆终端瓷套、绝缘层表面要每年定期进行清扫，以去除污秽。

3）在容易发生电晕及沿面放电的介质表面涂以适当电阻率的半导电涂料，以减少该处的表面电阻，即可减少该处的表面电位梯度、抑制电晕的发生。这种方法被广泛地用在电缆接头及终端瓷套上，是一种很有发展前途的方法，值得重视。

4）改善电缆终端的设计，如对于干包或热缩型的电缆终端可采用等电位的方法，即在线芯绝缘表面包上金属屏蔽带，通过与接地网相互连接来达到消除电晕的目的。此外还可通过在电缆终端上加装应力锥来改善电场分布，限制电晕。

5）对安装在室内的电缆沟等土建设备采取自动排水系统，改善通风条件，加装去潮装置等措施来提高空气的干燥程度，从而限制此类电晕的发生。

二、常用电力电缆附件的组成

（一）电力电缆终端

我国 35kV 及以下电缆终端和中间接头的制造是从 20 世纪 60 年代初开始定点生产的，至今已有 50 余年了。20 世纪 70 年代以前主要生产的是油浸纸绝缘电缆终端及金具。20 世纪 80 年代开始生产挤包绝缘电缆用绕包式终端的带材以及热收缩型电缆终端。20 世纪 90 年代初，开始生产预制式电缆终端，随后开始生产冷收缩型电缆终端。目前，国外普遍使用的 35kV 及以下电缆的各种电缆终端，我国都已能生产制造并且广泛使用。

现在使用的中低压电缆终端主要分为户内终端和户外终端。户内终端还可分为普通户内终端和设备终端（固定式和可分离式两类）。

户内终端：安装在室内环境下使电缆与供用电设备相连接。在既不受阳光直接辐射，又不暴露在大气环境下使用的终端。

户外终端：安装在室外环境下使电缆与架空线或其他室外电气设备相连接。在受阳光直接辐射，或暴露在大气环境下使用的终端。

设备终端分为固定式和可分离式两类，是指电缆直接与电气设备相连接，高压导电金属处于全绝缘状态而不暴露在空气中。

1. 热收缩型电缆终端

（1）应用范围。热收缩型电缆终端是以聚合物为基本材料而制成的所需要的型材，经过交联工艺，使聚合物的线性分子变成网状结构的立体型分子，经加热扩张至规定尺寸，再加热能自行收缩到预定尺寸的电缆终端。如图 1-13、图 1-14 所示是热收缩户内终端和热收缩户外终端。

（2）组成部件。挤包绝缘电缆热收缩型终端的组成部件如图 1-15 所示，主要有：

1）热收缩绝缘管（简称绝缘管）。作为电气绝缘用的管形热收缩部件。

2）热收缩半导电管（简称半导电管）。体积电阻系数为 1～10Ω·m 的管形热收缩部件。

3）热收缩应力控制管（简称应力管）。具有相应要求的介电系数和体积电阻系数，能均匀电缆端部和接头处电场集中的管形热收缩部件。

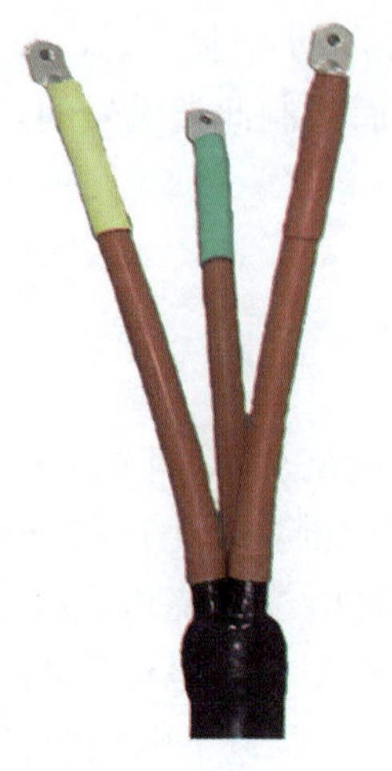

图 1-13　热收缩户内终端

图 1-14　热收缩户外终端

图 1-15　热收缩型电缆终端的主要部件

4）热收缩耐油管（简称耐油管）。对使用中长期接触的油类具有良好耐受能力的管形热收缩部件。

5）热收缩护套管（简称护套管）。作为密封，并具有一定的机械保护作用的管形热收缩部件。

6）热收缩相色管（简称相色管）。作为电缆线芯相位标志的管形热收缩部件。

7）热收缩分支套（简称分支套）。作为多芯电缆线芯分开处密封保护用的分支形热收缩部件，其中以半导电材料制作的称为热收缩半导电分支套（简称半导电分支套）。

8）热收缩雨裙（简称雨裙）。用于电缆户外终端，增加泄漏距离和湿闪络距离的伞形热收缩部件。

9）热熔胶。为加热熔化粘合的胶粘材料，与热收缩部件配用，以保证加热收缩后界面紧密粘合，起到密封、防漏和防潮作用的胶状物。

10）填充胶。与热收缩部件配用，填充收缩后界面结合处空隙部的胶状物。

上述各种类型的热收缩部件，在生产厂家内已经通过加热扩张成所需要的形状和尺寸并经冷却定型。使用时经加热可以迅速地收缩到扩张前的尺寸，加热收缩后的热收缩部件可紧密地包敷在各种部件上组装成各种类型的热收缩型电缆终端。

（3）一般技术要求。热收缩型电缆终端是用热收缩材料代替瓷套和壳体，以具有特征参数的热收缩管改善电缆终端的电场分布，以软质弹性胶填充内部空隙。用热熔胶进行密封，从而获得了体积小、重量轻、安装方便、性能优良的热收缩型电缆终端。

热收缩型电缆终端应符合下列规定：

1）所有热收缩部件表面应无材质和工艺不良引起的斑痕和凹坑，热收缩部件内壁应根据电缆终端的具体要求确定是否需涂热熔胶，凡涂热熔胶的热收缩部件，要求胶层均匀，且在规定的贮存条件和运输条件下，胶层应不流淌，不相互粘搭，在加热收缩后不会产生气隙。

2）热收缩管形部件的壁厚不均匀度应不大于30%。

3）热收缩管形部件收缩前与在非限制条件下收缩（即自由收缩）后纵向变化率应不大于5%，径向收缩率应不小于50%。

4）热收缩部件在限制性收缩时不得有裂纹或开裂现象，在规定的耐受电压方式下不击穿。

5）热收缩部件的收缩温度应为120～140℃。

6）填充胶应是带材型。填充胶带应采用与其不黏结的材料隔开，以便于操作。在规定的贮存条件下，填充胶应不流淌、不脆裂。

7）热收缩部件和热熔胶、填充胶的允许贮存期在环境温度不高于35℃时应不少于24个月。在贮存期内，应保证其性能符合技术要求规定。

8）户外终端所用的外绝缘材料应具有耐大气老化及耐漏电痕迹和耐电蚀性能。

2. 冷收缩型电缆终端

通常是用弹性较好的橡胶材料（常用的有硅橡胶和乙丙橡胶）在工厂内注射成各种电缆终端的部件并硫化成型，之后，再将内径扩张并衬以螺旋状的尼龙支撑条以保持扩张后的内径。

现场安装时，将这些预扩张件套在经过处理后的电缆末端，抽出螺旋状的尼龙支撑条，橡胶件就会收缩紧压在电缆绝缘上。由于它是在常温下靠弹性回缩力，而不是像热收缩型电缆终端要用火加热收缩，故称为冷收缩型电缆终端。如图 1-16 所示是冷缩型户内终端，图 1-17 所示是冷缩型户外终端。

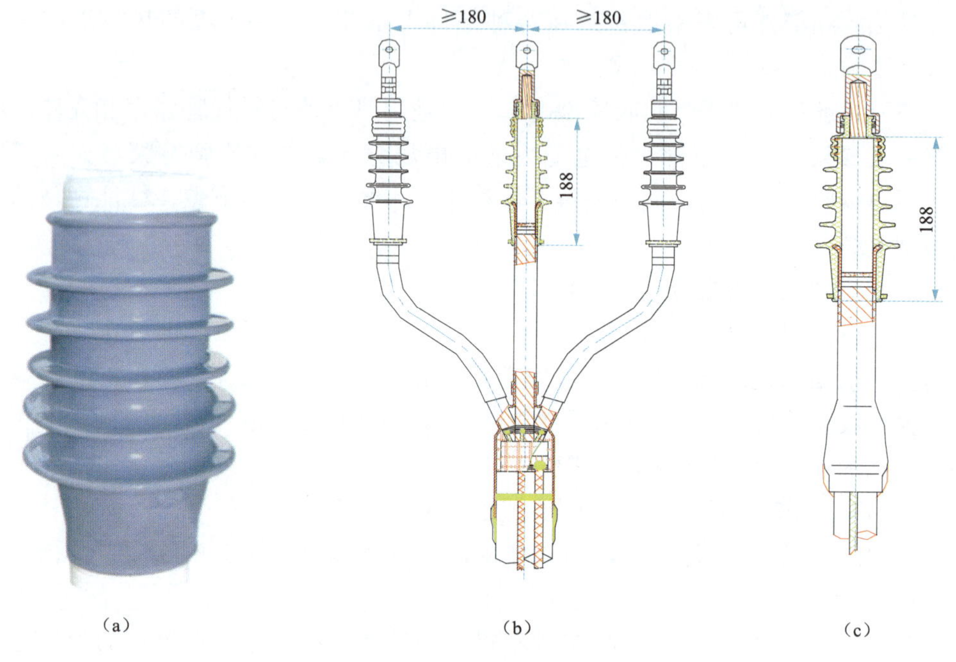

图 1-16 冷缩户内终端

(a) 冷缩附件；(b) 三芯结构；(c) 单芯结构

(1) 组成部件包括：

1) 终端主体，采用带内、外半导电屏蔽层和应力控制为一体冷收缩绝缘件。

2) 绝缘管。

3) 半导电自粘带。

4) 分支手套。

(2) 冷收缩型电缆终端具有以下特点：

1) 冷收缩型电缆终端采用硅橡胶或乙丙橡胶材料制成，抗电晕及耐腐蚀性能强。电性能优良，使用寿命长。

2) 安装工艺简单。安装时，无需专用工具，无需用火加热。

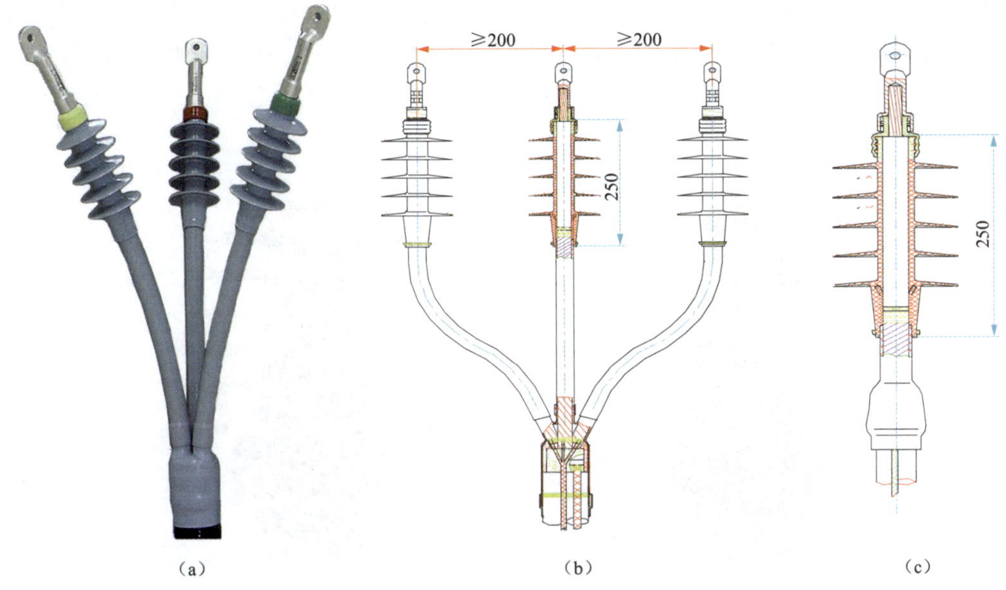

图 1-17　冷缩户外终端

(a) 冷缩户外终端外形；(b) 三芯结构；(c) 单芯结构

3）冷收缩型电缆终端产品的通用范围宽，一种规格可适用多种电缆线径。因此冷收缩型电缆终端产品的规格较少，容易选择和管理。

4）与热收缩型电缆终端相比，冷收缩型电缆终端除了在安装时可以不用火加热，从而更适用于不宜引入火种场所安装外，在安装以后挪动或弯曲时也不会像热收缩型电缆终端那样容易在终端内部层间出现层隙的危险。这是因为冷收缩型电缆终端是靠橡胶材料的弹性压紧力紧密贴附在电缆本体上，可以适应电缆本体适当的变动。

5）与预制式电缆终端相比，虽然两者都是靠橡胶材料的弹性压紧力来保证内部界面特性，但是冷收缩型电缆终端不需要像预制式电缆终端那样与电缆截面一一对应，规格比预制式电缆终端少。另外，在安装到电缆上之前，预制式电缆终端的部件是没有张力的，而冷收缩型电缆终端是处于高张力状态下，因此必须保证在贮存期内，冷收缩型部件不能有明显的永久变形或弹性应力松弛，否则安装在电缆上以后不能保证有足够的弹性反紧力，从而不能保证良好的界面特性。

3. 预制型电缆终端

预制型电缆终端又称预制件装配式电缆终端。经过 20 多年的发展，预制型终端已经成为国内外使用最普遍的电缆终端之一。预制型终端不仅在中低电压等级中普遍使用，在高压和超高压电压等级中也已逐渐成为主导产品。预制型电缆终端与冷缩型电缆终端在结构上是一样的，如图 1-18 是预制型户内终端，图 1-19 是预制型户外终端，但预制型电缆终端还可以做成肘型电缆终端，如图 1-20 所示。

图 1-18 预制型户内终端

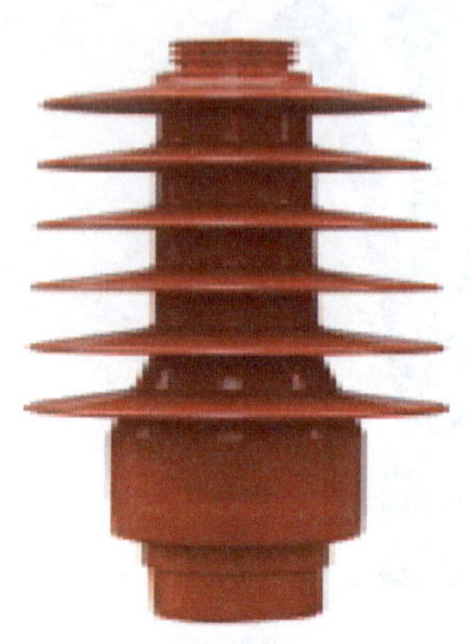

图 1-19 预制型户外终端

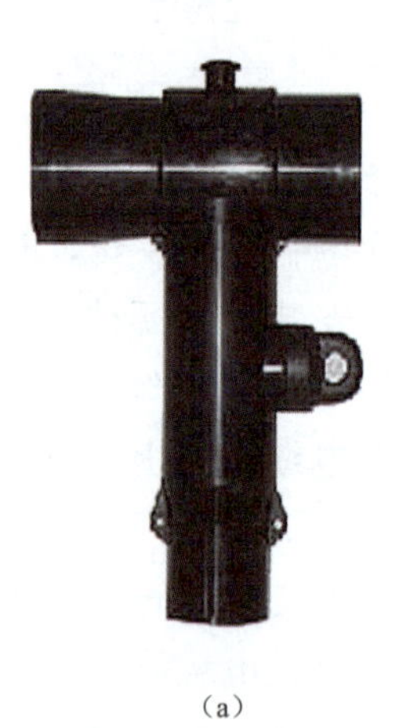

（a）

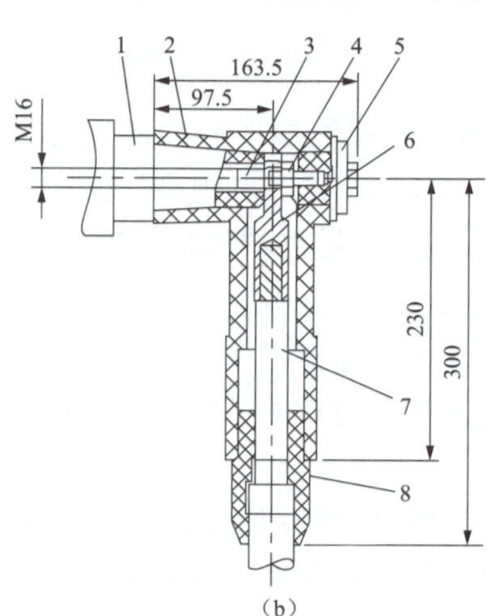

（b）

图 1-20 肘型电缆终端

（a）实物图；（b）结构图

1—套管；2—接头；3—双头螺栓；4—螺母；5—后堵盖；6—接线端子；7—电缆；8—应锥管

（1）应用范围。预制型电缆终端是将电缆终端的绝缘体、内屏蔽和外屏蔽在工厂里预先制作成一个完整的预制件的电缆终端。预制件通常采用三元乙丙橡胶（EPDM）或硅橡胶（SIR）制造，将混炼好的橡胶料用注橡机注射入模具内，而后在高温、高压或常温、高压下硫化成型。因此，预制型电缆终端在现场安装时，只需将橡胶预制件套入电缆绝缘上即可。

(2) 组成。

1) 终端主体，采用内、外半导电屏蔽层和应力控制为一体预制橡胶绝缘件。

2) 绝缘管，用于户内外终端，为热缩或冷缩型。

3) 半导电自粘带。

4) 分支手套，用于户内外终端，为热缩或冷缩型。

5) 肘型绝缘套，为预制橡胶绝缘件。

(3) 特点。鉴于硅橡胶的综合性能优良，在35kV及以下电压等级中，绝大部分的预制型终端都是采用硅橡胶制造。这类终端具有体积小、性能可靠、安装方便、使用寿命长等特点。所有橡胶预制件内外表面应光滑，不应有肉眼可见的斑痕、突起、凹坑和裂纹。这种电缆终端采用经过精确设计计算的应力锥控制电场分布，并在生产厂家用精密的橡胶加工设备一次注橡成型。因此，它的形状和尺寸得到最大限度的保证，产品质量稳定，性能可靠，现场安装十分方便。与绕包型、热缩型等现场制作成型的电缆终端比较，安装质量更容易保证，对现场施工条件、接头工作人员素质等的要求较低。

(二) 电力电缆中间接头

1. 热缩中间接头的组成部分

(1) 热收缩绝缘管（简称绝缘管）。作为电气绝缘用的管形热收缩部件。

(2) 热收缩半导电管（简称半导电管）。体积电阻系数为1～10Ω·m的管形热收缩部件。

(3) 热收缩应力控制管（简称应力管）。具有相应要求的介电系数和体积电阻系数，能均匀中间接头电场集中的管形热收缩部件。

(4) 热收缩耐油管（简称耐油管）。对使用中长期接触的油类具有良好耐受能力的管形热收缩部件。

(5) 热收缩护套管（简称护套管）。作为密封，并具有一定的机械保护作用的管形热收缩部件。

(6) 热熔胶。为加热熔化粘合的胶粘材料，与热收缩部件配用，以保证加热收缩后界面紧密粘合，起到密封、防漏和防潮作用的胶状物。

(7) 填充胶。与热收缩部件配用，填充收缩后界面结合处空隙部的胶状物。

2. 冷缩中间接头的组成部件

(1) 接头主体，采用内、外半导电屏蔽层和应力控制为一体冷收缩绝缘件。

（2）绝缘管。

（3）半导电自粘带。

3. 预制中间接头组成部分

（1）终端主体，采用带内、外半导电屏蔽层和应力控制为一体预制橡胶绝缘件。

（2）热缩或冷缩型绝缘管或绝缘带。

（3）半导电自粘带。

第二章 10kV电力电缆附件安装基本技能

第一节 工具使用基本方法

在电缆附件的安装过程中，要用到许多工器具与仪器仪表，如表 2-1 所示。

表 2-1 主要工器具与仪器仪表明细

序号	名称	单位	备注
1	煤气罐	罐	
2	煤气枪	份	含管
3	断线剪	把	
4	电锯	把	
5	壁纸刀	把	
6	钢板尺	套	
7	盒尺	个	
8	温湿度计	个	
9	活扳手	把	
10	力矩扳手	套	
11	螺钉旋具	套	
12	电源箱	台	
13	手锯	把	
14	尖嘴钳	把	
15	克丝钳	把	
16	电工刀	把	
17	手电筒	把	
18	照明灯	个	
19	压钳	把	
20	压模	套	
21	平板锉	把	

续表

序号	名称	单位	备注
22	整形锉（什锦锉）	套	
23	胀铅器	个	自制
24	三脚架桥	个	
25	万用表	个	
26	绝缘电阻表	个	
27	相位表	个	自制
28	游标卡尺	个	

一、锯

（一）弓锯

使用锯对材料或工件进行切断或切槽的操作称为锯割。弓锯是用来锯割的手工工具。弓锯有固定式和可调整式，如图 2-1 所示。

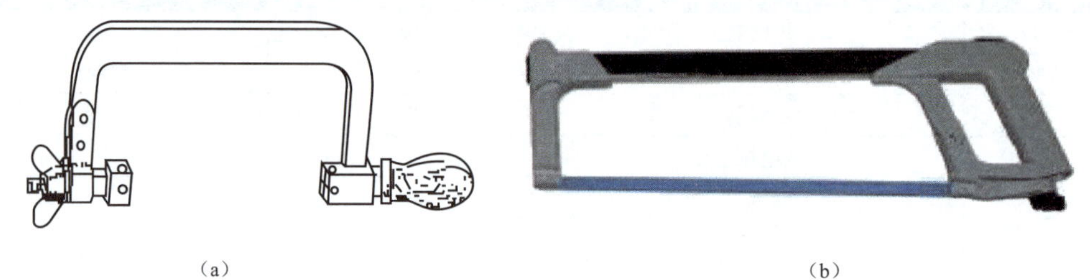

（a）　　　　（b）

图 2-1　弓锯

（a）固定式弓锯；（b）可调整弓锯

弓锯由弓架和锯条组成，固定式弓锯的弓架是整体的，它只能安装一种长度规格的锯条。可调整式弓锯的弓架分成两段，经调整后可以安装几种长度规格的锯条。

弓锯上的锯条是单面齿锯条。锯条长度规格为 150～400mm（常用的是 300mm），宽 10～25mm，厚 0.6～1.25mm。锯条一般用渗碳软钢冷轧而成，也有用碳素工具钢或合金钢制成，并经热处理淬硬。根据锯齿的大小不同，锯条有粗齿锯条和细齿锯条之分。一般，在 25mm 长度内有 14～18 个齿（齿距约 1.6mm）为粗齿锯条，在 25mm 长度内有 24～32 个齿（齿距约 0.8mm）为细齿锯条。粗齿锯条适用于锯割紫铜、青铜、铝、铸铁、层压板等，细齿锯条适用于锯割硬钢，如各种管子、薄板料、薄角钢等。

锯割操作应注意以下几点：

(1) 锯条安装要挺直不歪斜，松紧要适当，一般以两个手指力旋紧为止，否则锯条容易折断。

(2) 起锯时要有一定起锯角，起锯角一般为 15°。平锯锯齿不易切入，起锯角过大，锯齿会钩住工件棱边。起锯时可用拇指挡住锯条，使它正确地锯在划线位置上，直到锯到槽深为 2～3mm，可不必再挡了。

(3) 用弓锯锯割，朝前推时，左手应施加压力，朝后拉时，应把弓锯微微抬起。弓锯的锯割速度以每分钟往复 20～40 次为宜，一般锯割软材料速度快些，锯割硬材料速度慢些。

(二) 电锯

为了省力和提高工作效率，常常用电锯切割电缆线芯。对于塑料电缆，因其较有韧性，所以环形锯条比较合适切割线芯。

如图 2-2 所示为环带电锯主要结构，用来切割圆材或方材，切割圆材的直径一般 ≤ 115mm，方材为 115mm × 115mm。切割速度一般分为高速和低速两挡，高速切割速度为 80m/min，低速切割速度为 60m/min。

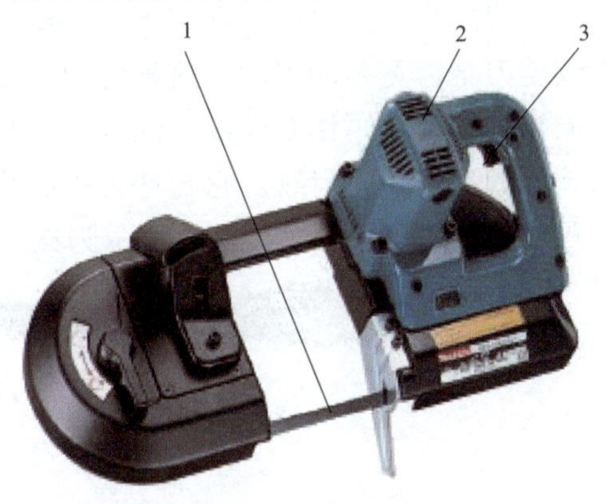

图 2-2　环带电锯

1—环形锯条；2—电动机；3—电源开关

1. 一般注意事项

(1) 操作前检查电锯各种性能是否良好，安全装置是否齐全并符合操作安全要求。检查锯片不得有裂口，电锯各种螺钉应上紧。

(2) 工具放置时，应待锯齿等旋转部分完全停止之后再放置，并及时切断电源。

(3) 不要在工作结束后马上触摸锯条。

(4) 在进行切削时不要使用水、切削液等溶剂。

(5) 在进行工具检修时，如果更换带锯的锯条，必须切断电源。

(6) 锯齿等部件在旋转时，不要将手、身体以及衣服接触部件。

(7) 不要戴手套操作。

(8) 操作时双手进行。

2. 维修与保养

(1) 定时检查，当发现炭刷长度至厂家规定时要更换，否则会因高热损坏转子及电动机。

(2) 换向器染上油污后要立即清洗。

(3) 按使用频率，每年更换润滑油 1～2 次。

二、锉刀

锉刀分普通锉、特种锉和整形锉（什锦锉）3 类。普通锉分为平锉（齐头平锉和尖头平锉）、方锉、圆锉、半圆锉、三角锉 5 种。

锉刀面是锉刀的主要工作面。锉刀面的纵长方向上呈微凸弧形，前端较薄，中间较厚。这种形状有利于将工件锉平。锉刀上的窄边称为锉刀边，有的边有齿，有的边没齿，没齿的边叫光边或安全边。锉刀没齿的一端称为锉刀尾，其后连着锉刀舌，锉刀舌插入木柄中，木柄的一头装有铁箍。

锉刀的齿纹分单齿纹和双齿纹。锉刀上只有一个方向的齿纹叫作单齿纹。单齿纹锉刀全齿宽参加锉削，这种锉刀主要用来锉削铝、镁等轻金属。锉刀上有两方向排列的齿纹叫作双齿纹。浅的齿纹是底齿纹，它与锉刀中心线的夹角叫底齿角，深的齿纹叫面齿纹，它与锉刀中心线的夹角叫面齿角。锉刀的粗细按锉刀齿纹距的大小来区分。如图 2-3 所示为锉刀和握锉姿势。

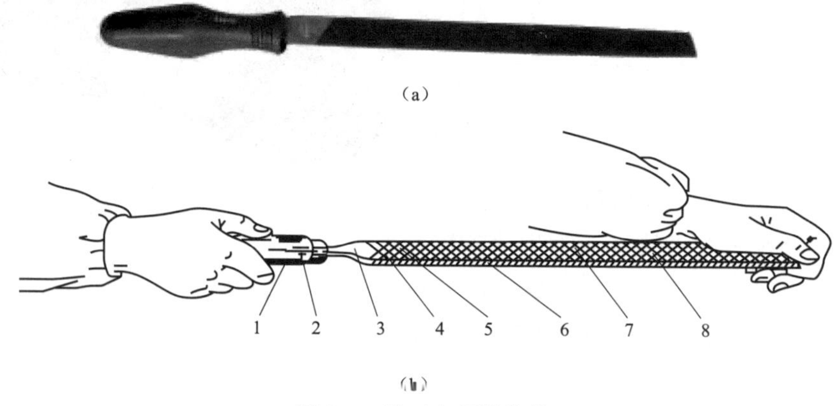

图 2-3 锉刀和握锉姿势

（a）平锉锉刀；（b）两手握锉姿势

1—木柄；2—舌；3—锉刀尾；4—面齿；5—底齿；6—边；7—锉刀面；8—锉齿

锉刀的基本操作方法如下：

(1) 较大锉刀握法，用右手握着锉刀柄，柄端顶在拇指根部的手掌上。把左手的手掌横放在锉刀最前端的上方，拇指根部的手掌轻压在锉刀头上。锉削时左手肘部要提起。

（2）平面挫削，常用的方法有三种，即顺向锉法、交叉锉法和推锉法。

三、压接钳

压接钳是实现导体压接的工具。其功能是，应用杠杆或液压机械原理，给压接模具施加一定压力，使电缆导体和连接管在连接部位产生塑性变形，构成导电通路，并具有足够的机械强度。

机械压接钳适用于小截面积电缆导体压接；手动油压钳比较轻巧，适用于中、小截面积导体的压接；脚踏式油压钳的钳头和泵体分离，用高压耐油橡胶管或紫铜管连接以传递油压，钳头可以灵活转动，额定工作力较大，适用于较大截面积的导体压接；分离式电动油压钳通过高压耐油橡胶管将压力传递到与泵体分离的钳头，它适用于大截面积的电缆导体压接，这种压接钳有适用各种铜导体截面的圆形和六角形模。如图 2-4 所示为一种手动油压钳，图 2-5 是分离式电动油压钳的示意图。

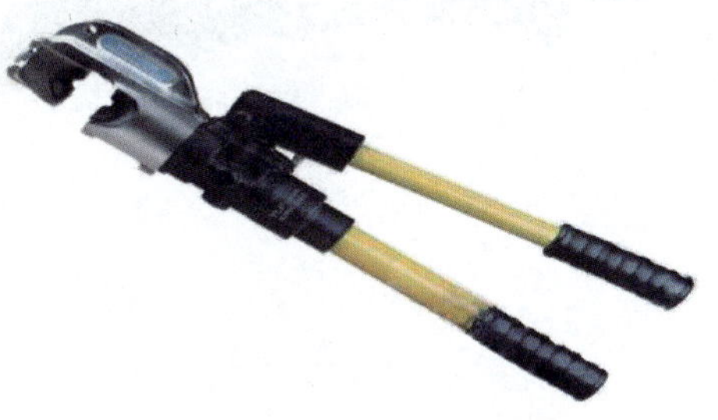

图 2-4　手动油压钳

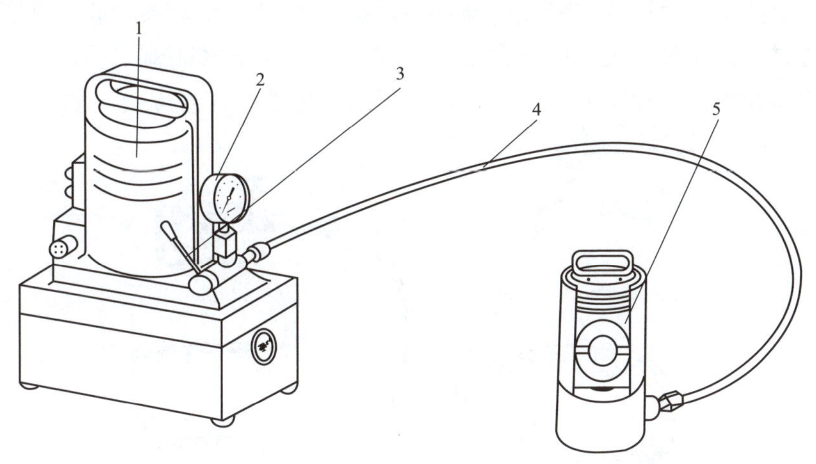

图 2-5　分离式电动油压钳

1—电动泵体；2—压力表；3—工作手柄；4—高压耐油橡胶管；5—钳头

压接时，连接管要水平或垂直地置于两压模的中心位置，启动压钳，当压模合拢时保持 10～15s 后停止压接，或达到压力指示值时保持 10～15s 后停止压接。

四、刀具

电工刀和壁纸刀是电缆头制作安装的必备工具，刀片可切割电缆外护套、绝缘层等，如图 2-6 所示。使用的注意事项如下：

(1) 削绝缘屏蔽斜坡，削绝缘倒角电工刀应以 45°斜切入电缆。

(2) 要求尺寸掌握准确，不能伤及下一层。

(3) 使用完毕后，应及时将刀刃收回到刀柄内。

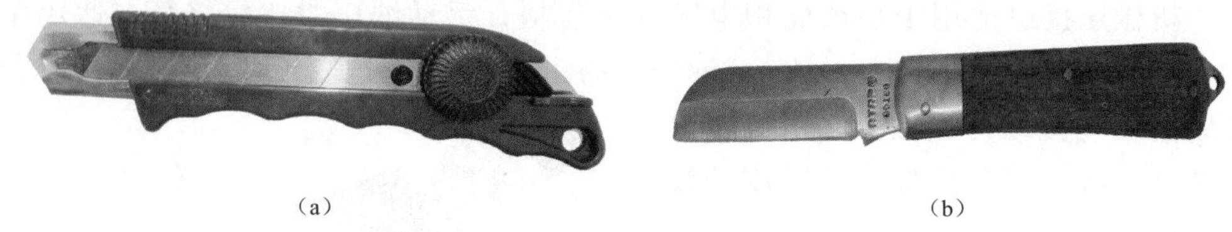

(a)　　(b)

图 2-6　刀具

(a) 壁纸刀；(b) 电工刀

五、喷枪

喷枪是用来为搪铅或加热热收缩材料提供火源的一种工具。液化气喷枪具有使用轻巧、火力充足、火焰中不含炭粒等优点，有利于保证施工质量。液化气喷枪的燃烧器和燃料储存罐分离，其间以一根耐压橡胶导气管连接，如图 2-7 所示。

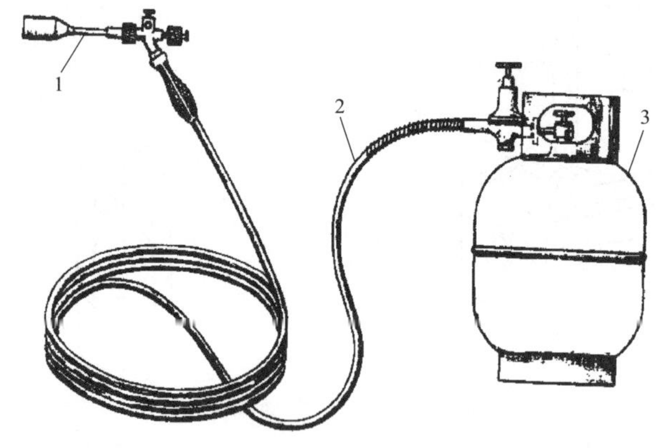

图 2-7　液化气喷枪

1—喷枪；2—导气管；3—燃料储存罐

在使用液化气喷枪时，现场应备灭火器。使用完毕，液化气储气罐应存放于危险品仓库。

喷枪的使用注意事项：检查导气管是否有开裂漏气；检查煤气罐阀门是否漏气；开启时先拧开燃料储存罐阀门，再打开喷枪阀门；点火时注意，要火等气，即先点火，再开喷枪阀门。

六、力矩扳手

由于高压和超高压电缆附件的安全可靠性要求很高，螺栓的紧固都有力矩要求，以保证密封良好的同时不会造成有些零部件因过力而破裂。同时，为了保证电气连接点的连通可靠，也宜使用力矩扳手紧固。螺栓的紧固要采用对角拧紧，并最少紧两边。如图 2-8 所示为力矩扳手。

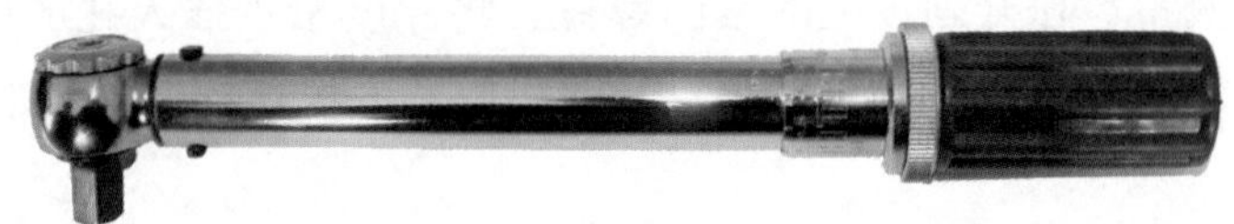

图 2-8　力矩扳手

使用不同型号力矩扳手时，要注意力矩的换算关系

$$1\text{kgf}\cdot\text{cm}=0.098\text{N}\cdot\text{m}\approx0.1\text{N}\cdot\text{m}$$

七、游标卡尺

在电缆头安装施工中，常用游标卡尺进行内外径和深度的精确测量。如图 2-9 所示为游标卡尺的结构。

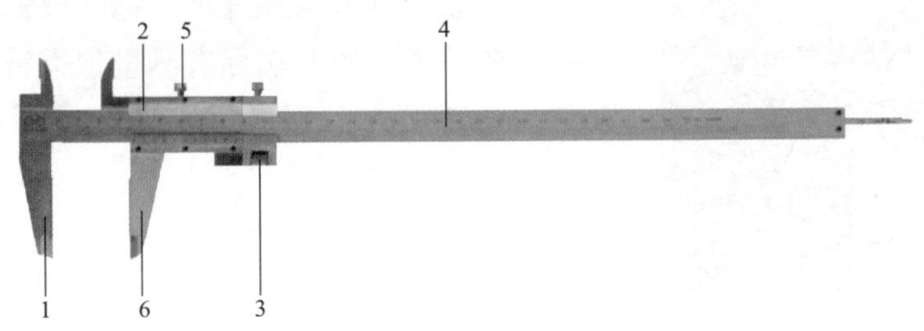

图 2-9　游标卡尺

1—固定量爪；2—副尺；3—微调装置；4—主尺；5—制动螺钉；6—活动量爪

使用时，应松开副尺上的紧固螺钉，旋紧微调装置上的紧固螺钉，然后用拇指旋动微调轮。

游标卡尺的读数为主尺上的整数值加上副尺上的小数值，主尺上的整数值是指副尺零线左边主尺上的毫米（mm）整数。然后在副尺上找出一条与主尺对齐的刻度线，数出副尺格数，副尺上的小数值＝游标卡尺精度×副尺格数。

（1）外径测量。松开副尺上的紧固螺钉，用外径量爪卡住被测物件的外径，轻轻活动几下，使被测物件与游标卡尺垂直，拧紧紧固螺钉，垂直取下游标卡尺，读取读数。

（2）内径测量。松开副尺上的紧固螺钉，用内径量爪伸入被测物件的孔中，撑住内径，轻轻活动几下，使被测物件与游标卡尺垂直，拧紧紧固螺钉，垂直取下游标卡尺，读取读数。注意一般情况下，内径大于10mm的孔实际内径应为读数＋10mm。

（3）深度测量。松开副尺上的紧固螺钉，将深度量爪插入孔的底部，使主尺的端部与孔的上沿垂直，拧紧紧固螺钉，取出游标卡尺，读取读数。

八、万用表

万用表是电工测量中常用的表计，用来测量交、直流电压，电流和电阻等。万用表有数字式和指针式两种。指针式万用表测量时指针稳定，便于测量，常被采用。

图 2-10　万用表

1. 万用表的结构

在万用表的面板上装有刻度盘（显示屏）、转换装置、插孔（接线座）以及零位调节等，其实物图如图 2-10 所示。

标度盘上有多条标度尺，标度尺标有各种量程刻度。在标度尺的两端标有测量种类符号。转换装置是一套转换开关，通过它来选择测量种类和量程。

2. 万用表使用方法

（1）测交、直流电流。通过转换装置将选择开关置于测量交、直流即 AC（mA）、DC（mA）位置。用表笔将万用表串联接入被测电路。如果测量直流电流，红表笔接电流流入端，黑表笔接电流流出端。应将量程开关置于适当位置，如果无法估计被测电流大小，则必须从最大量程起测，然后再选用适当量程挡。一般应使指针偏转到满刻度的 2/3 为宜。

(2) 测交、直流电压。通过转换装置将选择开关置于测量交、直流电压即 AC（V）或 DC（V）位置。测交流电压将表笔并联在被测电路两端，且接触应紧密；测直流电压，红表笔接高电位端，黑表笔接低电位端。应将量程开关置于适当位置，在电路电压未知情况下，应先用表最高一挡测试，然后逐级换用低挡直到表偏转到刻度 2/3 为宜。在测量中不得拨动转换开关。当测量 1000V 及以上电压时，必须做好安全措施，身体要与大地良好绝缘，并用一只手夹两支表笔测量，以防止触电。

(3) 测电阻。将被测电阻一端与原线路断开，并切断电源。将开关置于欧姆挡的适当量程，先进行调零：两表笔短路，用欧姆调零旋钮使指针指在“Ω”标尺的“0”位置，每调换一次量程都要调零一次。用两表笔接触电阻两端，并将读数乘以所选量程倍率，即为实测电阻值。

(4) 万用表使用后，应将选择开关旋到“0”挡位置或交流电压最高挡上。

九、电压表

电压表是一种很易自制的专用仪器，其外形如图 2-11。

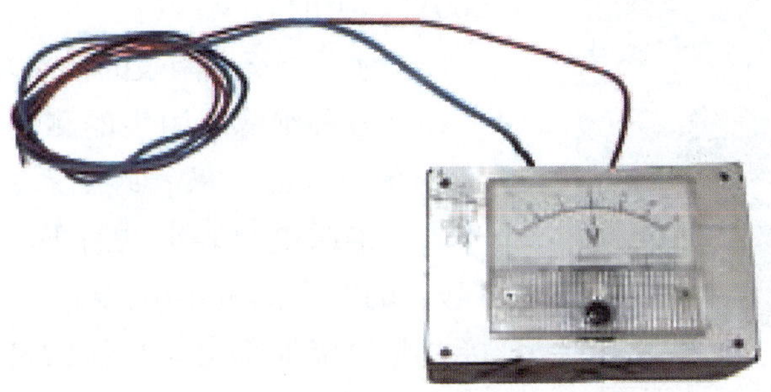

图 2-11　电压表

1. 电压表的组成

电压表由电池盒和电池电压极性显示器两部分组成，这两部分的性能如下。

(1) 电池盒是由两个干电池串联组成输出直流电压为 3V 简单器具，一般将正极用红线、负极用绿线引出。

（2）电池电压极性显示器就是一只3V电压表或半导体发光二极管加限流电阻的简单器具，其所用电压表的等级不限，其表示极性的引线颜色应同电池盒的一致。

2. 使用和保养的注意事项

（1）电池盒使用时，应注意电池极性的引出线是否和电池极性显示器的引出线一致。为防止产生错误，使用前两者必须核对无误后，方可用于电缆核相。

（2）电池盒必须经常检查，保持有电并且干电池应无电液渗出现象，不使用时应防止引出线短路漏电。

（3）电压表的电池极性显示器，要能显示电池的极性，携带时应避免剧烈的振动或撞击以免损坏。

十、绝缘电阻表（兆欧表）

绝缘电阻表是用来测量电缆或电气设备绝缘的绝缘电阻值的一种装置，有高阻计、手动指针式和电动数字式三种。如图2-12所示为手动绝缘电阻表。

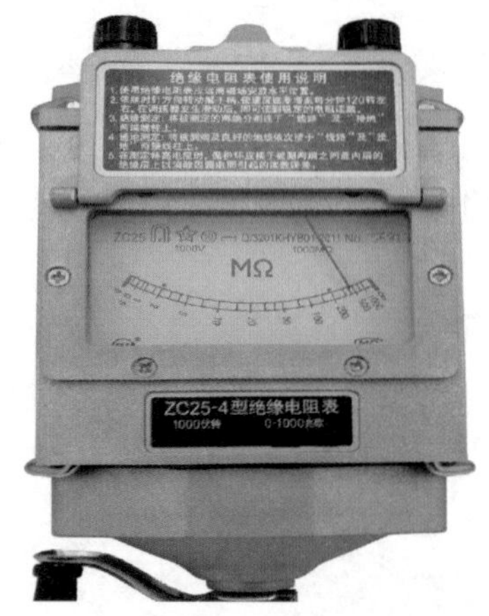

图2-12　手动绝缘电阻表

1. 性能结构

（1）每种绝缘电阻表的输出电压是一定的，有100、500、1000、2500、5000V等，以供不同电压等级的电缆测量用（数字绝缘电阻表有10000V等级的）。

（2）手动绝缘电阻表的转速为120r/min。

（3）各种绝缘电阻表的测量范围均为0～∞。

2. 使用方法和保养的注意事项

（1）绝缘电阻表上共有E（地）、L（火）、G（屏蔽）的三个测量用引出端子，一般情况下，用E接电缆的接地部分，L接线芯。当电缆的终端污染严重影响测量时，应采用屏蔽进行测量，即在终端的被测相绝缘瓷套管的上端加一金属环，并使金属环和G端连接，这样就可使绝缘套管上的漏电电流不经过绝缘电阻表表计，从而使测量正确。绝缘电阻表在测量接线时必须注意：E引线必须接电缆的接地部分，测量值才比较正确。

（2）使用前必须先检验绝缘电阻表是否良好，然后再使。检验的方法为：当启动绝缘电阻表后，L 和 E 端子分开时表计指示应是“∞”、L 和 E 端子直接相连时表计指示应为“0”。

（3）不同电压等级的电缆，为使测量结果较能反映电缆绝缘性能，应采用相应输出电压的绝缘电阻表，例如摇测 1kV 及以下低压电缆，应选用 500V 或 1000V 的绝缘电阻表；摇测 10kV 及以上电缆，应选用 2500V 或 5000V 的绝缘电阻表。

（4）由于绝缘电阻表的输出电压较高，对人体有一定的危害，故测量用的表上引线应保持具有良好的绝缘性能，并在使用时应戴绝缘手套，在测量进行时应有专人监护电缆线路的两端，不让非测量人员接触电缆线路的端头，以防触电。

（5）测量时被测电缆不允许带电，故测量前必须切断电源、放尽剩余电荷。由此应特别注意：在测量时若接线中断后也应同样认真处理，切不可因间隔时间极短而马上接上，这样容易损坏绝缘电阻表。测量完成后，应先从电缆上移开“L”线，再停止摇动绝缘电阻表，防止电缆中储存的电压反向击坏绝缘电阻表。

（6）绝缘电阻表携带或使用时，应避免较大的振动和撞击。

（7）由于绝缘电阻表使用时，内部电压较高，则需要保持其高的绝缘性能，故保管时应放置在干燥的地方，避免因受潮而降低绝缘性能。

（8）绝缘电阻表是一种计量仪器，故必须定期送专业检验部门做检验，以保证测量的正确性。

第二节 基本操作工艺

一、校潮

1. 油浸纸绝缘电缆校潮

油浸纸绝缘电缆应将纸绝缘逐层撕下，浸入 140～150℃的电缆油中观察，如果有泡沫冒出，说明有潮，有“噼啪”声，则说明受潮严重。也可以撕下 2～3 层绝缘纸点燃，如果纸带上火头处有泡沫，说明有潮，并伴随有“噼啪”声，说明受潮严重。绝缘层如果有潮，则应切除电缆，直至电缆无潮为止。

2. 橡塑电缆校潮

橡塑电缆应逐层解剖，观察铠装、金属屏蔽层和线芯有无锈蚀，填充料是否潮湿，缓冲阻水带是否有变化，外屏蔽表面和线芯中是否有水珠等。如果有潮，则应切除电缆，直至电缆无潮为止。

二、电缆剥切

1. 剥切尺寸的基准线确定

在终端安装位置的高度处或在接头确定的中心位置（应使电缆的两端重叠部分不小于200mm）处上做出标记，此标记就为所有剥切尺寸的基准线。

2. 外护套的剥切

做好尺寸标记，用锋利的刀先做环形切割，再切割一道或两道纵向切口，最后用手剥除外护套。冬季剥切时，可对电缆外护套先行加热，使之变软，便于操作。

3. 铠装层的剥切

在末端用恒力弹簧或绑线扎好，以防止铠装层松脱，沿绑线的边缘用钢锯锯铠装层，锯切的深度不能超过铠装层厚度的1/2，用钳子除去铠装层。如锯穿铠装层，一般会损坏内护套；锯深不够时，铠装层不易撕去且断面不易整齐。

4. 金属护套的剥切

用锋利的刀（电工刀、管刀、手锯或自制的刀）做环形切割，其深度不超过内（金属）护套厚度的1/2。然后在下述三种方法中，任选一种方法在电缆的纵向做切割后，即可剥除内（金属）护套。在剥切过程中必须注意，剥除时不能损坏绝缘半导电层。剥切的三种方法简述如下。

（1）双线式。用锋利的刀从环形切割处开始，往末端划两条平行距离为5～10mm的深痕，深度也应不超过内护套厚的1/2，然后用钳子从末端将10～15mm一条内（金属）护套拉下，这样余下的内（金属）护套就能很容易地取下了。这种方法适用于剥除内（金属）护套较薄的电缆。

图2-13　剖铅刀切线剥切

（2）切线式。如图2-13所示用自制专用的剖铅刀从电缆的端部开始，刀与电缆横截面成30°～45°角，刀面紧贴绝缘层表面，用铁锤锤击刀背将金属护套切断至环行切割处后，就很容易将铅护套剥下。铅护套较厚时，常采用此方法。

（3）专用剥切刀。使用专用剥切刀注意不可切割穿透内（金属）护套，否则必使绝缘层割伤，影响接头的绝缘性能。

5. 塑料内护套的剥切

做好尺寸标记，用锋利的刀先做环形切割，再切割一道或两道纵向切口，最后用手剥除外护套。

6. 屏蔽带和半导电层的剥切

(1) 对于油浸纸绝缘电缆的半导电屏蔽纸，只需按设计要求保留内护套切断口处的部分，将其余部分撕去即可。

(2) 金属屏蔽带。应在金属屏蔽层的剥除位置用镀锡铜丝绑扎或恒力弹簧或PVC带扎紧，用锋利的刀做环形切口，逐渐将屏蔽带剥下即可，切割时应注意不可割伤绝缘层。

(3) 可剥离半导电层的剥切。可用锋利的刀（壁纸刀）先在去除处做环形切割，从电缆端部至环形切割处做3～4道纵向切割，然后逐条撕去条形状半导电即可。注意绝对不允许切透半导电层而伤及绝缘，并确认在绝缘层表面没有遗留半导电颗粒。若为不可剥离的半导电层时，则可用专用刀具或碎玻璃片刮除，刮除半导电层时虽不可避免要刮去部分绝缘层，但必须注意尽可能少刮去绝缘层。

无论用何种方法剥除塑料电缆半导电层后，必要时应再用专用砂纸将绝缘层表面打磨光滑，把半导电层的剥切口砂成锥形，最后用清洁巾擦净表面。擦净时纸巾一旦擦过半导电层，就不能再擦绝缘层，否则会将半导电层的粒子带到绝缘层上，严重影响接头的绝缘性能。

7. 线芯绝缘层的剥切

(1) 核对相位。由于电力电缆一般是应用在三相电力系统中，所以要求电缆的线芯上相位必须和系统一致，为此电缆安装附件前应先进行相位的核对，确定正确的相位。

(2) 分开线芯。为了能在接头中增加连接处的绝缘性能，应在线芯连接处的绝缘层剥切前，先将线芯分开至连接位置和符合相位排列的要求。

(3) 锯线芯。锯线芯在接头中尤其显得重要，相差较大时会严重影响接头的电气性能和机械性能，要求尺寸准、断面齐整。

(4) 线芯的绝缘剥切。用锋利的刀按要求长度，将端部的绝缘部分剥除。在塑料电缆施工时应采用专用刀具。在切线芯绝缘的工艺操作中，无论使用何种刀具，均需注意不能割伤线芯，刀伤产生的尖端在运行中会出现放电现象。

绝缘层剥切后，用刀将绝缘层端头削成45°倒角，如图2-14所示，并用细砂纸将绝缘层表面砂光。

三、绝缘处理

在电缆附件的绝缘中有不少多种介质交界的地方，不同介质的交界面称为界面。可以把界面设想为很薄的一层间隙，由于两层绝缘材料表面是凹凸不平的，间隙中包含有不均匀散布的材料微小颗粒、少量水分、气体和溶剂等异物。这些因素对附件内的电场分布具有极大的影响。而电缆绝缘及半导电层斜坡与应力锥的界面就是电缆附件中最重要的一个界面。

通常的电缆绝缘表面的处理方法是用专用刀具、玻璃片等工具刮削后用砂纸抛光。一般先用打磨机打磨，再手工精细打磨，打磨的砂纸从 240 目至 1200 目不等。在打磨时应注意，砂纸从低目到高目依次使用，打磨过半导电的砂纸绝对不能再打磨绝缘。

采用清洁巾清洗电缆表面，清洗方向应由绝缘层向半导电方向擦洗，清洁巾不得重复使用，如图 2-15 所示。

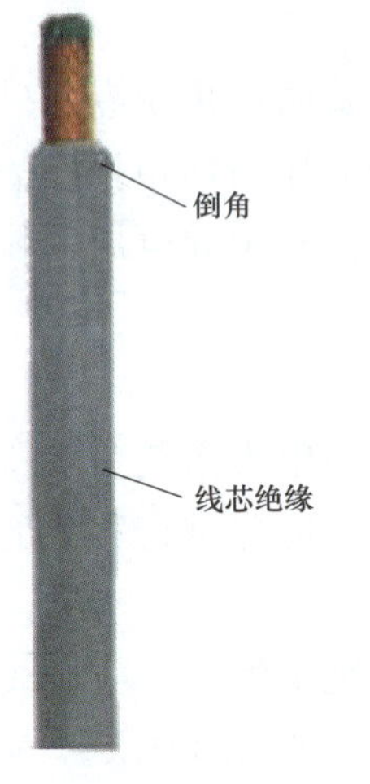

图 2-14　线芯绝缘部分倒角示意图

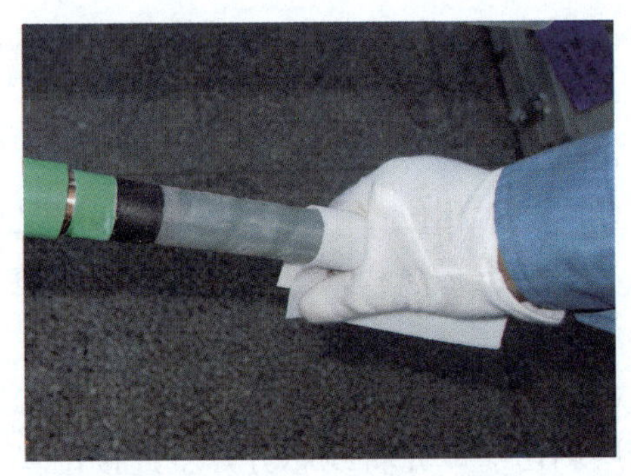

图 2-15　绝缘层清洗示意图

四、导体连接

（一）线芯导体连接的基本要求

电缆线芯导体连接的方法很多，有焊接（钎焊、熔焊、亚弧焊）、压接和机械螺栓连接等。不管采用何种连接方法，都应该满足以下基本要求。

（1）连接点的电阻小而且稳定。连接点的电阻与相同长度、相同截面积的导体电阻的比值，对于新安装电缆头，应不大于1，运行中电缆头应不大于1.2。

（2）足够的机械强度，主要是指抗拉强度。对于固定敷设的电缆，其连接点的抗拉强度要求不低于导体本身抗拉强度的60%。

（3）耐电化腐蚀。铜与铝相接触，由于两种金属标准电极电位相差较大，当有电解液存在时，铝会产生电化学腐蚀，从而使接触电阻增大。因此，铜铝连接应引起足够的重视，应使两种金属分子产生相互渗透。现场施工可采用铜管内壁镀锡后进行锡焊的连接方法。

（4）耐震动。在船用、航空和桥梁等场合，对电缆头的耐震动性要求很高，往往超过了对抗拉强度的要求。

（二）压接法连接导体

1. 压接的特点

目前压接有围压和坑（点）压两种形式，围压是使压接部分四周受力，坑压是在压接的部位压若干个坑（点）。围压压接后连接部位比较平直，外形变化小，即围压后连接管处产生的电场畸变较小。但是围压的受力面大，故所需的压力较大，则需用压力较大的压接钳。点压的受力面比围压小很多，故压强大，易在局部处形成金属的表面渗透，所以坑压的导电性和抗拉强度均比围压好，温度对接点的影响也大大减小。但是由于压坑会引起连接管的弯曲变形，而这种变形又会使电场发生较大的畸变，所以对接头的性能有一定的影响，施工不当易使接头损坏。

压接的特点是工艺简便、快捷，连接处的导电性能接近锡焊，而且耐热的性能比锡焊大大提高。缺点是由于压后金属变形，尤其是点压变形更大，使连接处的电场产生较大的畸变。

压接所用的压接钳，应根据线芯的截面积大小配不同吨位的压接钳，压模必须适当。

2. 压接工艺操作要点

导体压接示意图如图2-16所示。具体步骤如下：

（1）压接前，按连接需要长度剥除绝缘，连接端子孔深+5mm或连接管长度的1/2+5mm，清除导体表面油污或氧化膜，对铝绞合导体要用钢丝刷刷导体，至导体表面出现光泽为止。

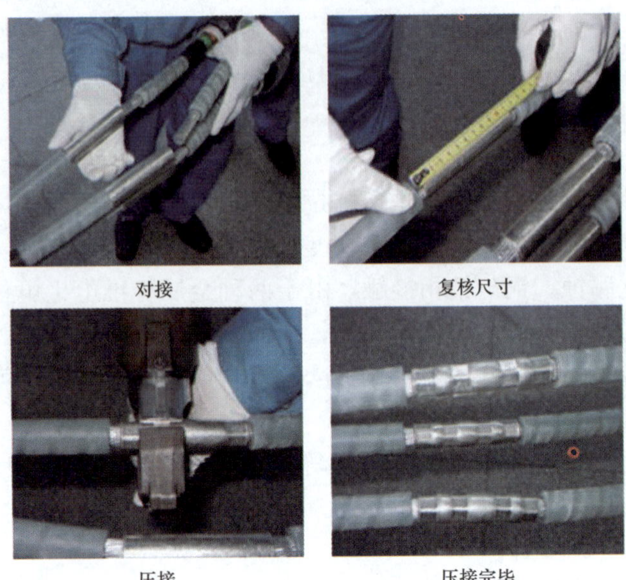

图 2-16　导体压接示意图

(2) 将电缆导体端部圆整后插入连接管或端子圆筒内，中间连接时，导体每端插入长度至截止坑（或堵油栅）止。端子连接时，导体应充分插入端子圆筒内，再进行压接。

(3) 在压接部位，围压的成形边或坑压的压坑中心线应各自同在一平面或直线上，压接顺序如图 2-17 所示。

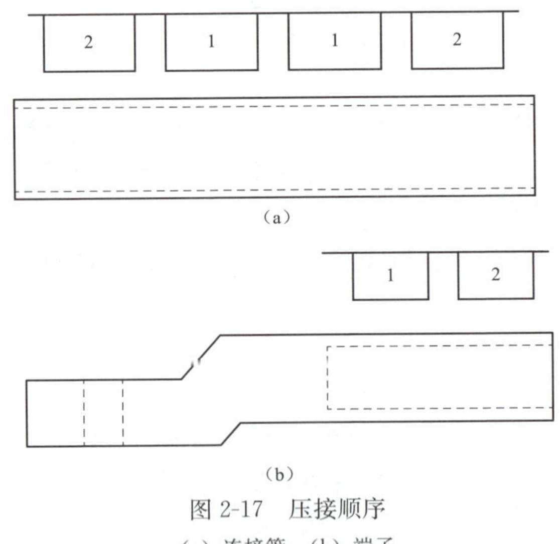

图 2-17　压接顺序

(a) 连接管；(b) 端子

（4）压模每压接一次，在压模合拢到位后应停留 10～15s，使压接部位金属塑性变形达到基本稳定后，才能消除压力。

（5）应按压钳生产厂家说明书规定进行操作。

（6）压接后，连接管或端子外观质量应符合以下规定：

1）围压后，压接部位表面应光滑，不应有裂纹和毛刺，所有边缘处不应有尖端。

2）点压后，压坑深度应与阳模应有的压入部位高度一致，坑底应平坦无损。

（三）不同材料、不同截面线芯的连接

铜芯电缆与铝芯电缆连接时，可选用专用的铜铝过渡压接管，采用压接工艺进行连接。

不同截面积的铜芯和铝芯电缆可选用专用的不等截面积压接管，用压接法连接。

五、带材绕包

（1）绕包绝缘带时应保持环境清洁。室外施工现场应有工作棚，防止灰尘或水分落入绝缘内。绕包绝缘带的操作者应戴乳胶或尼龙手套，以避免手汗沾到绝缘上。

（2）纸绝缘电缆应先用窄的绝缘带将凹凸处包绕填平，然后从绕包范围的端部开始用半重叠法包绕，并必须注意绕包方向应与电缆绝缘最外层绕包方向一致，同时在绕包时，应边包绕边卷紧边涂上电缆油，以排除空隙，如果绕包的绝缘料是聚四氟乙烯带（四氟带）则绕包时应涂硅油。

（3）橡塑绝缘电缆应先用半导电带在连接管处包绕两层，将导电部分包好后，从绕包范围的端部开始用半重叠法包绕，直至符合接头的设计要求。半导电带的层间隔离带不能在绕包前去除，只能边绕包边去除，要保证去除干净，不能有任何遗留。

（4）绕包的拉力。无论何种包绕带绕包时，均应使绕包上的绝缘带平整、密实、松紧均匀、不起皱和不损伤，橡塑电缆包绕自粘性橡胶带时，应依照各种带材的绕包说明拉伸 75%～200%后再绕上去，使其层间产生足够的黏合力，并消除层间气隙。

六、搪铅

1. 搪铅所需工具和材料

（1）硬脂酸。这是一种化工产品，在接头密封时用作消除密封部位的污物和氧化膜，并使该部位迅速冷却。

(2) 封铅条。它是一种合金，目前有多种配制方法，最简单和常用的配制为纯铅、锡的合金。65%的铅和35%的锡配制的封铅条最为常用。

(3) 抹布。在搪铅操作时，作隔热、抹平和抹光封焊部分用。

(4) 汽油喷灯或液化气喷枪。

2. 铅包电缆搪铅

铅包电缆搪铅常用的操作方法有触铅法和浇铅法。封铅前应用刮刀将需封铅部位刮净，并用喷灯或喷枪加热后擦硬脂酸除去铅皮表面脏物，然后再进行封铅。

触铅法封铅时，以喷灯或喷枪加热封铅部位，同时加热铅焊料，此时不停地将铅焊料在封铅部位来回摩擦，使封铅部位粘牢一层铅焊料。然后继续用喷灯或喷枪加热铅焊料，使其均匀地滴粘在需封铅的部位。当堆积了足够量的铅焊料以后，再用喷灯或喷枪将堆积的铅焊料加热成糊状的同时，用硬脂酸或牛油浸渍过的抹布迅速进行揩搪，将封铅揩搪加工成所要求的形状和大小。为保证密封良好，封铅分两层进行，即先将堆积的焊料揩搪成型，再堆积适当的焊料揩搪。这样做的目的是防止一次堆积焊料太多，不易将全部焊料同时加热成糊状进行揩搪，内部易形成空隙而影响密封效果。在整个操作过程中，掌握适合的加热温度是至关重要的，否则，不是将电缆铅包或接头铅套烤化，就是堆积焊料未烤透而形成内部空隙。操作人员只有通过长时间反复训练，才能达到熟练的程度。为了保证电缆绝缘层不损坏，要求从电缆加热开始至密封完成的全部时间不得超过15min。

浇铅法是将熔化的焊料浇到封铅部位。操作时，将铅焊料盛在特制的铅缸中，置于炉子上加热，使其呈液态。温度不宜过高，可用白纸插入铅缸试验，取出后纸呈焦黄色为宜。在预热和清洁好的封焊部位处，一手拿一块大的抹布托在下面，另一手用铁勺取熔化的封铅逐渐浇在封焊部位，此时必须边浇边用抹布揩抹，使封铅均匀分布在封焊部位周围成型。浇铅法的优点是成型速度快，粘合紧密而牢固。与触铅法相比，浇铅法只需在浇铅后用喷灯加热搪焊，缩短了喷灯烘烤时间，有利于避免绝缘因加热时间过长而烤坏。

封铅后表面要光滑，仔细检查应无砂眼，同时应有一定的厚度和长度，一般应超过铅套与电缆铅包接触处30～40mm。

必须注意，在封铅时或封铅尚未冷却时，严禁扭动电缆和缆芯。

七、热缩

1. 热收缩管和热熔胶

热收缩管是一种遇热后能均匀收缩的管材，热收缩管是在外力作用下扩张成型后强制冷却而成的，当再次加热到120～140℃时，又会力图恢复到原来的尺寸，因而具有弹性记忆效应。热收缩法就是将这种管材套于预定的黏合密封部位，并在黏合部位的两端涂上热熔胶。当加热到上述温度后，热收缩管即收缩，热熔胶同时也溶化，待自然冷却后即形成一道良好的密封层。热熔胶在此起填充和黏结作用。

2. 加热工具

加热工具一般采用液化气喷枪或喷灯，也可用焊枪式丙烷火焰环形电炉喷灯或大功率工业用电吹风机加热。

3. 热缩方法和要求

不论使用何种加热工具，一定要控制好火焰或温度，不能过大；操作时，出热口或火焰需朝向收缩的方向，起到对将要收缩部分的预热作用。要不停地晃动火源，不可对准一个位置长时间加热，并保持足够的距离，以免烫伤热收缩部件。喷出的火焰应该是充分燃烧的，不可带有烟，以免炭粒子吸附在热收缩部件表面，影响其性能。在收缩管材时，一般要求从中间开始向两端或从一端向另一端收缩，以利于管内残留空气的排出，沿圆周方向均匀加热，缓慢推进，以避免收缩后的管材沿圆周方向出现厚薄不均匀。分支手套应尽量套至根部，加热时由指套根部往两端加热收缩固定，待收缩完全后，端部应有少量热熔胶挤出为好，分支手套表面应无褶皱或过火痕迹。

八、接地线焊接

电缆的接地线一般采用一根或数根镀锡铜编织带，保证接地线的总截面积不小于所用电缆要求的截面积。接地线的焊接主要包括在铜屏蔽带上焊接，在钢带铠装上焊接，在铅护套上焊接。不论哪种焊接，都要做到焊接时间尽量短，以免损伤电缆或附件内部绝缘。

1. 在铜屏蔽带或钢带铠装上焊接

（1）用砂纸或钢丝刷清除焊接部位的氧化层。

（2）必要时对三叉手套尾部内的接地线进行透锡处理，目的是防止从铜编织带缝隙进潮。户外终端头接地线必须焊阻水段，避免潮气由铜编织带缝隙侵入电缆接头。

（3）将镀锡铜编织带均匀分布在铜带或钢带上，用镀锡铜线缠绕3圈，将它们牢固地捆绑到一起并扎牢线头，去掉多余的铜线，留下部分向下弯曲。

（4）用电烙铁加热焊锡丝将它们紧密地焊接到一起。

2. 在铅护套上焊接

（1）用钢丝刷清除焊接部位的氧化层。

（2）将镀锡铜编织带集中顺着电缆排好贴在铅护套上，用镀锡铜线将镀锡铜编织带捆绑到金属护套上，去掉多余的铜线，留下部分向下弯曲。

（3）敲平并涂上焊药，用喷枪或喷灯和焊锡进行焊接，焊点不宜太高，但接触面要足够大，一般为长 15～20mm，宽 20mm。

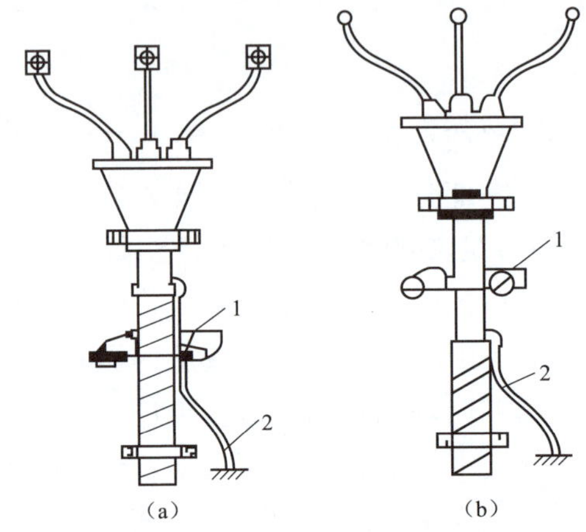

图 2-18 零序电流互感器的安装
（a）接地线穿过零序电流互感器；
（b）接地线不穿过零序电流互感器
1—零序电流互感器；2—接地线

3. 零序电流互感器与接地线的配合

在中性点直接接地系统中，电缆出线需装设零序电流互感器，实现接地故障保护。为了使保护正确动作，必须正确穿设接地线，并将电缆置于零序电流互感器的中央。当零序电流互感器安装在地线焊接点上方时，接地线不需穿过零序电流互感器，如图 2-18（b）所示。当零序电流互感器在地线焊接点下方时，接地线必须穿过零序电流互感器以后再接地，如图 2-18（a）所示，在零序电流互感器以上的接地线必须对地绝缘，这种情况下的接地线最好有外绝缘层。

第三节 操作技巧及要求

一、操作技巧

（1）做任何一种型式的电缆附件，在安装前，都要对电缆进行擦拭和调直。

（2）去除外护套时，在电缆端头处保留 100mm 左右外护套，防止钢带铠装散开。

（3）去除内护套。纵向抛开内护套时，应沿着电缆相间填料处起刀，要求只能割断材料厚度的 1/2～2/3，不能伤及铜带。伤及铜带会影响铜屏蔽接地截面积。

(4) 去除铜屏蔽。

1) 用恒力弹簧卡住铜屏蔽，向后带劲撕去铜屏蔽。

2) 用 ϕ2mm 铜绑线绑扎两圈铜屏蔽，向后撕去铜屏蔽。

以上两种方法可以不用刀具，降低刀具划伤半导电层和绝缘层的风险，但需要很高的操作熟练程度才能把断口撕得整齐，其示意图如图 2-19 所示。

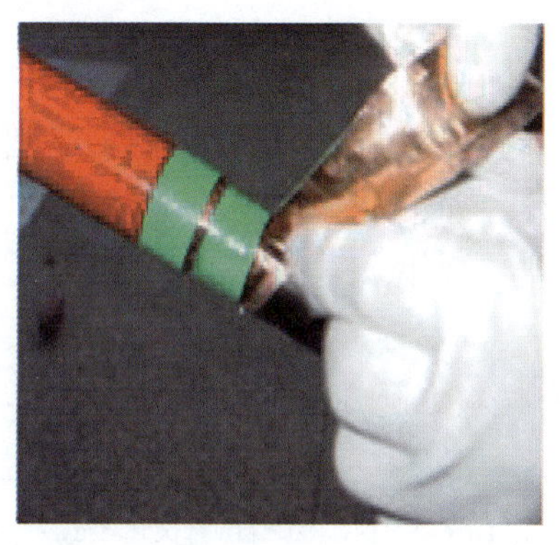
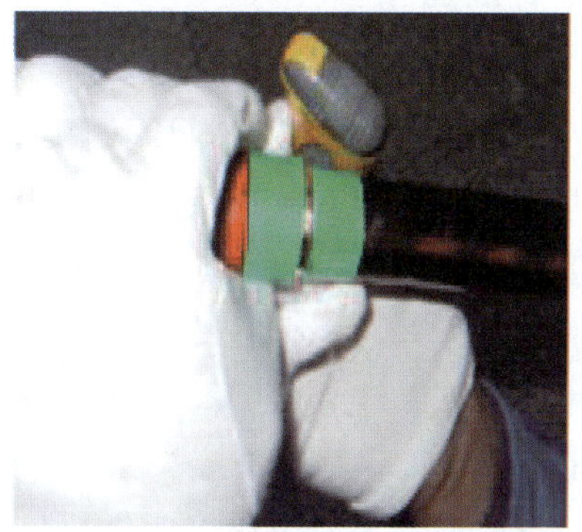

图 2-19　去除铜屏蔽示意图

(5) 绝缘屏蔽剥切。用刀具划开绝缘屏蔽时，应一次完成，不应中断，以保证制作质量。操作方法分两步进行，第一步横向用圆锉在绝缘屏蔽上锉成 U 形的沟，第二步由电缆端头开始剥除绝缘屏蔽，在绝缘屏蔽的两面（正面、侧面），用壁纸刀尖和中指顶住绝缘屏蔽分三刀划拉，在用克丝钳或尖嘴钳掀起绝缘屏蔽后剥绝缘屏蔽，即“两面三刀”，其示意图如图 2-20 所示。

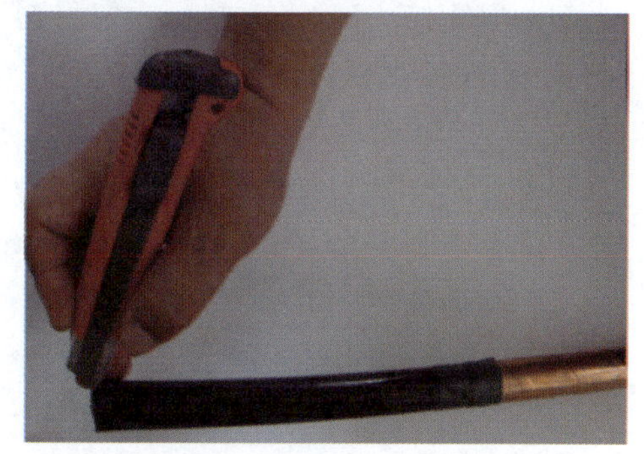

图 2-20　剥离绝缘屏蔽示意图

(6) 导体绝缘剥切（横向刀压、纵向划分三次拉透）。方法是用电工刀横向压、纵向划分三次拉透；用鲤鱼钳子或螺钉旋具，顺着导体绞合的方向，剥下导体绝缘，防止导体线芯散开。

(7) 接头密封。要在轴向和径向考虑密封，特别是轴向防水。最好采用多层方式，即绝缘层、内护套、外护套层层密封。目前密封效果最好、安装效率最快的一种方法是在中间接头两端用防水填充胶密封，内护套层及外护套层使用双层热缩护套管或缠绕双层防水密封带（装甲带），同时在各界面搭接端口用密封带或密封胶密封，如图 2-21 所示。

图 2-21　中间接头密封示意图

二、其他要求

（1）严格执行三检制。自检：仔细检查、核对自己所做的工作。互检：一个接头小组成员，关键安装过程中应互相检查，如铜屏蔽和绝缘屏蔽断口、绝缘表面及压接管表面。专检：接头小组负责人要确实做好电缆接头关键部位的检查，把好质量关。

（2）冬季安装电缆接头，所用的接头材料必须提前进行保温处理，以提前24h为宜，防止安装过程中接头材料结露。

（3）应力锥安装就位后，应做机械应力释放工作，如拍打或攥握。

（4）放在隧道或管井中的电缆中间接头，应安装接头托架，以保护电缆接头不受力，不下垂。

（5）直埋电缆接头应有保护盒，保护盒有水泥制成的、有环氧树脂制成的、还有用红砖砌成的，防止接头受力。

（6）电缆接头安装完成后，要遵守厂家规定，需静置一段时间，方可移动。

（7）电缆终端与相关设备连接时，应注意采取措施保护电缆三指手套根部，防止三指手套根部开裂。

（8）电缆终端与环网柜连接时，应将三相导体做成“∈”形状，接线端子应对准环网柜套管，端子连接后，套管不承受电缆带来的机械应力。

（9）电缆导体断开时，要用锯锯断，严禁用剪断器剪断。

（10）电缆终端接线端子，严禁用管材制成的接线端子。应采用棒材制成的接线端子。

（11）户内电缆终端三相缆芯严禁与带电体或开关柜体及挡板接触，户内电缆终端三相缆芯之间严禁紧贴在一起。

（12）电缆接头安装三项原则。

1）工艺纪律，电缆安装工要有良好的安装工艺纪律素养，不以某个人说的为准，不以某个人的意志为准，不以某个领导要求为准。电缆附件的安装所用的一切材料和制作工艺，没经有关技术人员批准，不得随意更改，如有更改，应在电缆头记录和安装图中标注。

2）工艺卫生，安装过程中养成良好的卫生习惯，安装每一步前都要对电缆随时进行清洗，暂时停止安装时，应用保鲜膜包好；在安装过程中服装要干净整洁，安装过程中随时清洗手上的脏物，涂抹硅油等关键工艺操作时要戴一次性塑料手套；安装过程中要防止头发、口水、汗水等异物掉在电缆上；安装过程中严禁边吸烟边工作；安装过程中不能将随手用的工具乱丢、乱放，更不能直接放在地面上；工具应放在清洁干净的工具箱内或塑料布上，所用的工具必须保持清洁和干燥；接头材料应放在干燥、干净的地方，如原包装盒内或塑料布上。

3）环境要求除了满足空气和温度要求以外，还应遵守的要求有：施工现场应注意文明施工；电缆接头安装过程中的废弃物品，及时带回，严禁丢在隧道内、街区；施工中要遵守市容的规定；爱护绿地和树木；注意保护文物。

（13）首件安装时应有厂家技术指导参加，对规范本工程电缆附件安装很有必要，首件安装的电缆接头记录，应有厂家签字。

第三章 10kV电力电缆附件安装工艺❶

第一节 冷缩型户内/户外终端安装

一、施工准备

（1）电缆附件的安装应由经过培训的、熟悉工艺的、具有专业水平的持证人员进行。

（2）安装电缆附件前安装人员应参加班组的技术、安全交底。

（3）检查电缆附件安装工作所必需的工器具是否齐全。

（4）检查电缆附件是否齐备，规格应与施工电缆规格对应。

（5）检查电缆附件外观是否完好无破损，使用日期是否在质保期内。

（6）检查电缆本体是否受潮，电缆外观是否良好。如果电缆受潮，严禁在受潮段进行电缆附件安装。

（7）施工人员认真阅读安装工艺，了解接头各部尺寸。严格按照接头厂家所提供安装工艺进行施工。使用新接头材料时，应经过培训，首次安装时厂家技术负责人应到场指导。

（8）接头环境空气相对湿度应为70%及以下；当相对湿度大时，应进行去湿处理；在室外制作电缆接头时，严禁在雾或雨中施工。

01冷缩型户内户外终端安装【第一步 安装准备工作】

二、终端安装

1. 锯断电缆

根据现场情况，确定电缆最终断点，做好标记，锯断电缆。

❶ 安装工艺中的尺寸仅供参考，实际安装中应以电缆附件厂家的工艺和工作现场实际情况为准。

2. 剥外护套、铠装和内护套

按照安装工艺尺寸自电缆端头剥除电缆外护套，保留 30mm 铠装（铠装断口用扎线扎紧）及 10mm 内护套，其余剥去。用 PVC 胶带将每相铜屏蔽带端头临时包好，刀刃向外清理填充物，将三相分开，如图 3-1 所示。

注意事项：

（1）每去除上一电缆护层，严禁伤及下层结构。

（2）外护套端口下 50mm 需打磨粗糙，以便与缩管能够更好地黏结，提高密封效果。

3. 连接接地线，绕密封填充胶带

用锉刀打毛铠装表面；用恒力弹簧将铜编织线抱紧在铠装打毛处；将另一根铜编织线缠绕在内护套以上 30mm 处的三相铜屏蔽上，用恒力弹簧抱紧。掀起两根铜编织线，在电缆外护套断口上绕两层填充胶带，将两根铜编织带压入其中，在外面包绕填充胶带，再分别绕包三叉口，在绕包的填充胶带上半部分再包绕一层胶粘带使两根铜编织带相互绝缘隔开，绕包后的外径应小于分支手套内径；在距外护套断口 50～60mm 位置将铜编织带用 PVC 胶带固定。连接接地线示意图如图 3-2 所示。

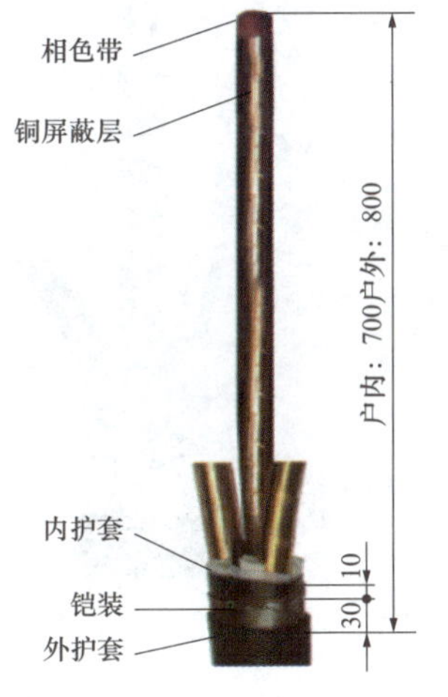

图 3-1 剥外护套、铠装、内护套实物图

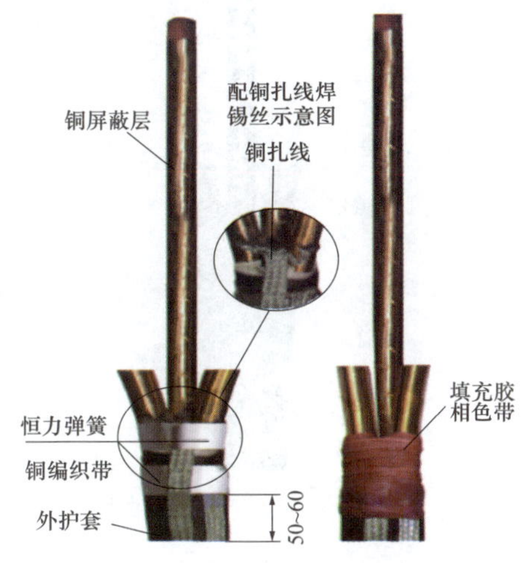

图 3-2 连接接地线示意图

注意事项：

（1）防潮关键在于铜编织线的渗锡处理和填充胶的缠绕处理。

（2）铜屏蔽和铠装应分别引出铜编织线进行接地。

05冷缩型户内户外终端安装【第五步 安装冷缩分支手套】

4. 安装冷缩分支手套

将冷缩分支手套套至三叉口的根部，沿逆时针方向均匀抽掉衬管条，先抽掉尾管部分，然后再分别抽掉指套部分，使冷缩分支手套收缩，缩后在手套下端用绝缘带包绕4层，再加绕两层黑色PVC胶带，加强密封。安装冷缩分支手套示意图如图3-3所示。

注意事项：为防止抽衬管条时将填充胶带出，可在三叉口处的填充胶上绕包一层PVC胶带。

06冷缩型户内户外终端安装【第六步 安装冷缩管、确定安装尺寸】

5. 安装冷缩管、确定安装尺寸

将一根冷缩管套入电缆一相（衬管条伸出的一端后入电缆），一端与分支手套指管搭接20mm以上，沿逆时针方向均匀抽掉衬管条，收缩该冷缩管。安装工艺尺寸要求做好标记，并去掉标记以上冷缩管。安装指套及冷缩管示意图如图3-4所示。

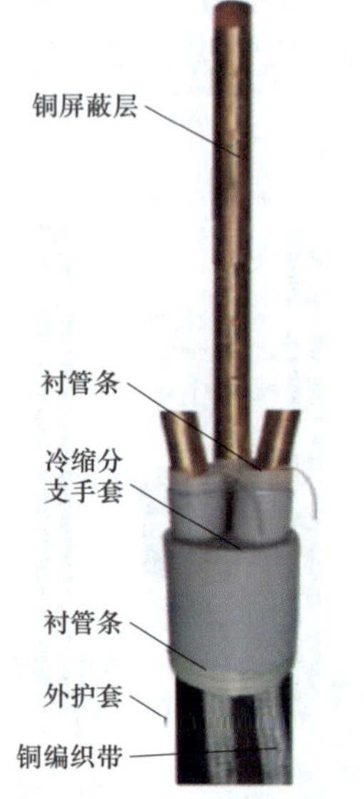

图3-3 安装冷缩分支手套示意图

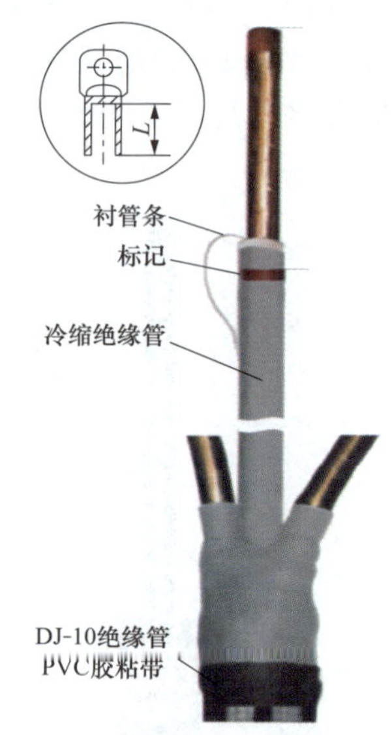

图3-4 安装指套及冷缩管示意图

注意事项：安装人员在确定冷缩管长度时，还应考虑一、二次设备安装等设计特殊尺寸需求。

6. 剥铜屏蔽层、半导电层

07冷缩型户内户外终端安装【第七步 剥铜屏蔽层、半导电屏蔽层】

自冷缩管端口向上量取15mm长铜屏蔽层，其余铜屏蔽层去掉；自冷缩管口向上量取30mm做好标记，去掉其余半导电层；将绝缘表面存在的轻微划痕、半导电残留用细砂带（通常用400目）打磨去除（严重划痕应重新制作），绝缘层严禁有任何划痕、凹槽等缺陷；半导电层断口整理成斜坡，使之平滑过渡；绕二层半导电带将铜屏蔽层与外半导电层之间的台阶盖住。距外半导电层断口10mm开始绕包半导电带；不能绕包到外半导电层断口上。剥离铜屏蔽、半导电示意图如图3-5所示。

注意事项：

（1）去除铜屏蔽层时，严禁伤及半导电层。

（2）去除半导电层时，严禁伤及绝缘层。

（3）半导电断口必须进行斜坡处理，处理后半导电层断口应圆整、无尖端、无缺损。

（4）严禁用打磨过半导电层的砂纸打磨主绝缘。

7. 剥线芯绝缘

08冷缩型户内户外终端安装【第八步 剥线芯绝缘】

自电缆末端剥去线芯绝缘及内屏蔽层，长度为$L+5$mm（L为端子孔深）；将绝缘层断口进行倒角，用细砂带将绝缘倒角表面打磨圆滑；复核绝缘长度；按照工艺尺寸要求在半导电断口以下规定尺寸处用PVC胶带做好标记；用PVC胶带将线芯端头临时包好，以免划伤冷缩终端内壁。剥除线芯示意图如图3-6所示。

8. 安装冷缩终端

09冷缩型户内户外终端安装【第九步 安装冷缩终端】

用清洁巾从上至下把各相清洗干净，待清洁剂挥发后，在绝缘层表面均匀地涂上一层硅油（注意过程的清洁），将冷缩终端套入电缆，衬管条伸出的一端后入电缆，沿逆时针方向均匀地抽掉衬管条使终端收缩，终端收缩好后，其下端必须与标记齐平；抹去挤出的硅油。用尼龙扎带扎紧终端的尾部。安装冷缩终端示意图如图3-7所示。

注意事项：

（1）清洁过程由电缆绝缘向外半导电层方向进行清洗，清洁巾一面只使用一次，严禁来回擦拭绝缘表面。

（2）待清洁剂充分挥发后，再涂抹硅油。

9. 压接接线端子、收缩相色密封管

10冷缩型户内户外终端安装【第十步 压接接线端子、收缩密封管】

除去临时包在线芯端头上的 PVC 胶带，将接线端子套在线芯上，根据电缆的规格选择相对应的模具，压接的顺序为先压接线端子侧、再压电缆侧；在端子与终端之间包 2～3 层自粘绝缘带或填充胶，之后收缩相色密封管；注意每相相色。

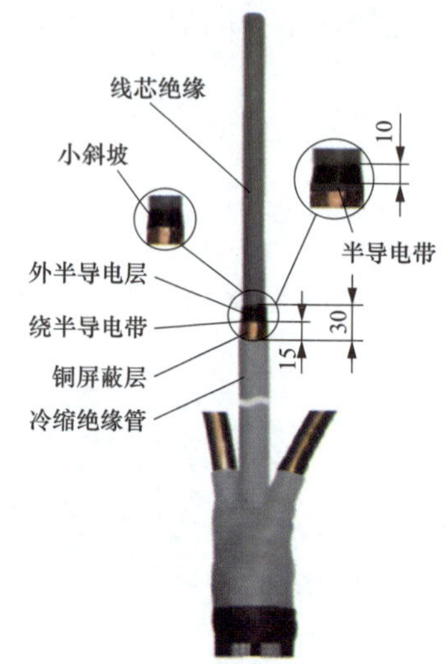

图 3-5 剥离铜屏蔽、半导电示意图

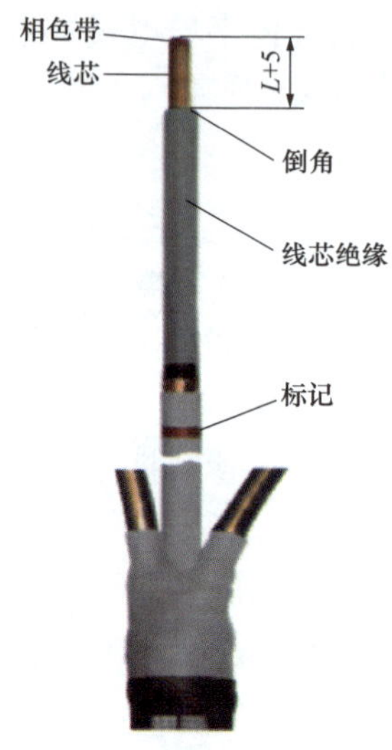

图 3-6 剥除线芯示意图

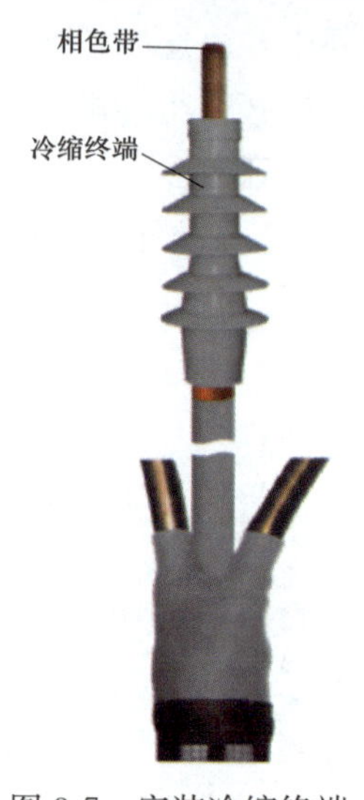

图 3-7 安装冷缩终端示意图

注意事项：

(1) 绝缘带或填充胶必须缠好，保证密封效果，其外径不得大于密封管内径。

(2) 压接后打磨接线端子毛刺、飞边，并将铜屑清洁干净，不得污染绝缘。

10. 电缆终端的固定及接地线的安装

将电缆就位，用电缆抱箍垂直固定在电缆支架上，并垫橡胶垫。

安装地线，先将铜屏蔽地线与铠装地线连接，再将地线与主接地线连接。注意接触面要打磨干净，接触良好，符合要求。电缆通过零序电流互感器时，电缆金属护层和接地线应对地绝缘，电缆接地点在互感器以下时，接地线应直接接地；接地点在互感器以上时，接地线应穿过互感器接地。

11. 缠绕相色带

在终端的下部正确缠绕黄、绿、红 PVC 相色带，要求整齐、一致、美观，如图 3-8 所示。

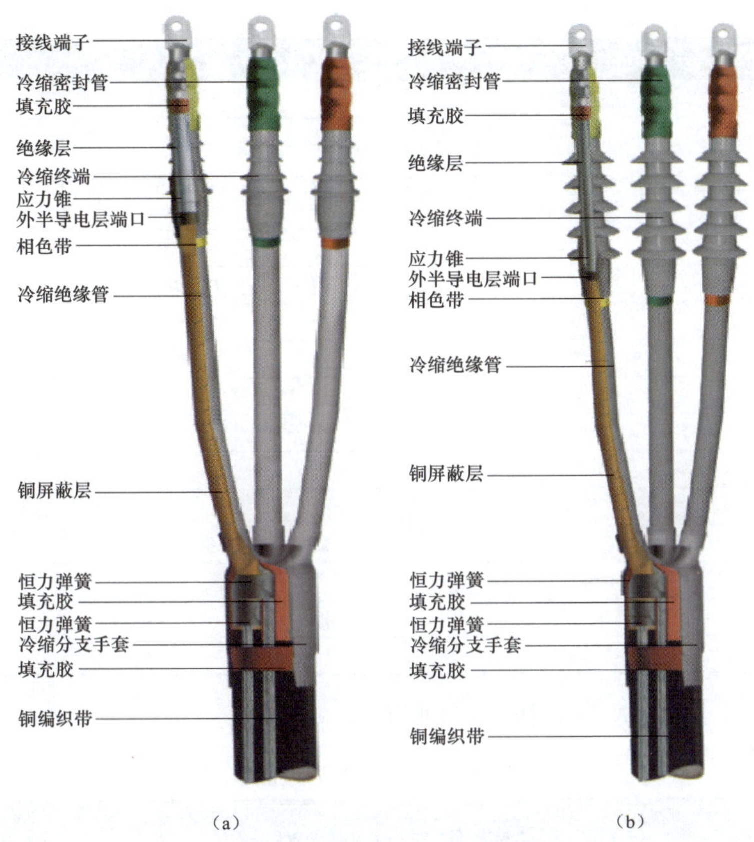

图 3-8　户内、户外终端示意图

(a) 户内终端；(b) 户外终端

三、工具材料

(1) 主要设备及器具（以 1 只电缆终端为例）如表 3-1 所示。

表 3-1　　冷缩型户内/户外终端安装主要设备及器具

序号	名称	单位	数量	备注
1	终端材料	套	1	
2	断线剪	把	1	
3	电锯	把	1	
4	壁纸刀	把	1	
5	钢板尺	套	1	
6	盒尺	个	2	

续表

序号	名称	单位	数量	备注
7	温湿度计	个	1	
8	活扳手	把	1	
9	力矩扳手	套	1	
10	螺钉旋具	套	1	
11	电源箱	台	1	
12	手锯	把	1	
13	尖嘴钳	把	1	
14	克丝钳	把	1	
15	电工刀	把	1	
16	手电筒	把	1	
17	照明灯	个	2	
18	压钳	把	1	
19	压模	套	1	
20	电缆抱箍	个	2	
21	平板锉	把	1	
22	接地材料	份	1	

(2) 施工用的主要材料如表 3-2 所示。

表 3-2　　冷缩型户内/户外终端安装主要材料

序号	名称	单位	数量	备注
1	清洁巾	张	按需	
2	记号笔	个	1	
3	电源线	m	50	
4	医用手套	副	2	
5	保鲜膜	卷	1	
6	PVC 胶粘带	卷	5	
7	砂纸	张	5	

第二节　冷缩型中间接头安装

一、施工准备

(1) 电缆附件的安装应由经过培训的、熟悉工艺的、具有专业水平的持证人员进行。

11冷缩型中间接头安装【第一步 安装准备工作】

(2) 安装电缆附件前安装人员应参加班组的技术、安全交底。

(3) 检查附件安装工作所必需的工器具、材料是否齐备。

(4) 电缆附件材料的规格应与电缆规格对应。对电缆附件材料进行外观检查，是否完好无破损，使用日期是否在质保期内。

(5) 施工人员认真阅读安装工艺，熟悉电缆附件图纸，掌握附件安装尺寸。严格按照电缆附件厂家所提供安装工艺进行施工。使用新附件材料时，应经过培训，首次安装时厂家技术负责人应到场指导。

(6) 空气相对湿度应为70%及以下；当相对湿度大时，进行去湿处理。在室外制作电缆附件时，严禁在雾或雨中施工。

(7) 直埋电缆中间接头坑尺寸应大于整体电缆中间接头尺寸，并用细沙填充，严禁有石块之类的硬物。

(8) 检查电缆本体是否受潮，电缆外观是否良好。如果电缆受潮，严禁在受潮段进行电缆附件安装。

(9) 中间接头处两条电缆需对搭重叠2m，以防止在牵引时损伤电缆，调直电缆端头部分并平行码放使其重叠。

(10) 确定电缆中间接头中心位置，清洁接头中心两侧1～2m的电缆外护套的表面。

二、中间接头安装

12冷缩型中间接头安装【第二步 锯断电缆】

1. 锯断电缆

根据现场情况，锯断电缆，并根据现场情况确定电缆中间接头长端、短端。

自接头中心向电缆端部预留200mm电缆，去除多余电缆。锯断电缆示意图如图3-9所示。

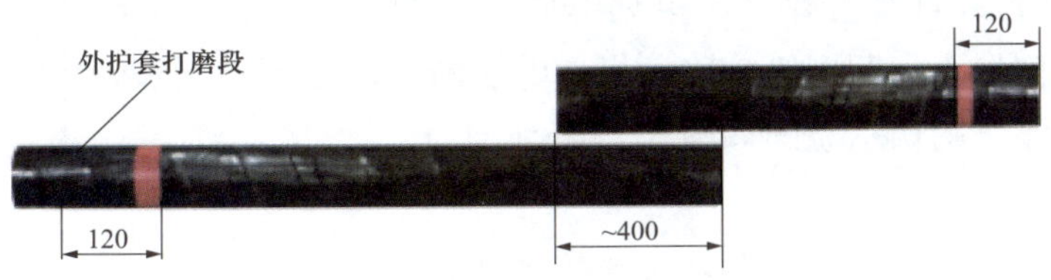

图3-9 锯断电缆示意图

2. 剥切外护套

13冷缩型中间接头安装【第三步 剥切外护套】

14冷缩型中间接头安装【第四步 去除钢铠】

将锯好的电缆按安装工艺尺寸剥切外护套，将外护套断口向后 120mm 用砂纸打毛。

3. 去除钢铠

先将钢铠前端用 PVC 带扎好或保留端口处一小段外护套（防止钢铠散开），再按安装工艺在预留钢铠尺寸处用铜绑线（或使用恒力弹簧），固定牢靠后，锯除多余钢铠；锯钢铠时深度不超过铠装厚度的 1/2，锯断钢铠不得损伤内护套，切口要整齐，不得有尖角毛刺，并用 PVC 胶带将钢铠断口缠绕 2～3 层，起保护作用。

4. 剥内护套

15冷缩型中间接头安装【第五步 剥内护套、去除填充物】

在钢铠断口处按工艺尺寸要求保留内护套，其余去除，切除内护套时严禁伤及铜屏蔽。划深应为内护套厚度的 1/2。用 PVC 胶带在铜屏蔽端部绕包 1～2 层，防止铜屏蔽散开。核实电缆中间接头中心位置，最终锯断多余的 200mm 电缆。内外护套剥切示意图如图 3-10 所示。

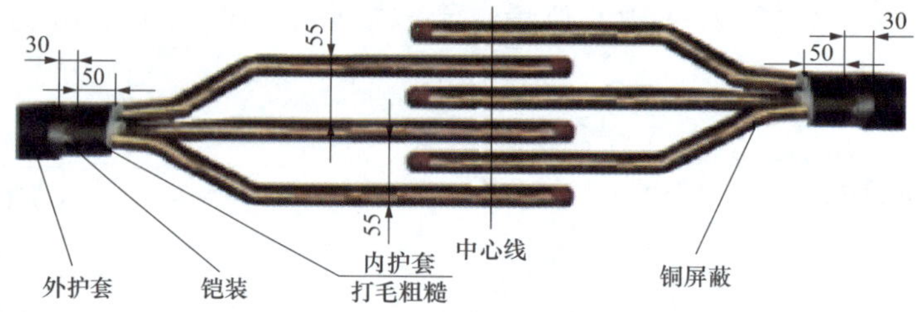

图 3-10　内外护套剥切示意图

5. 剥切铜屏蔽层、半导电层

16冷缩型中间接头安装【第六步 剥切铜屏蔽层、半导电屏蔽层】

按照安装工艺尺寸要求去除铜屏蔽、半导电层。去除铜屏蔽时可使用小恒力弹簧固定，铜屏蔽及半导电层断口边缘齐整、无毛刺，将绝缘表面存在的轻微划痕、半导电残留用细砂带（通常用 400 目）打磨去除（严重划痕应重新制作），绝缘层表面严禁有任何划痕、凹槽等缺陷，半导电层断口需处理成斜坡，使之平滑过渡。剥切示意图如图 3-11 所示。

注意事项：

（1）去除铜屏蔽层时，严禁伤及半导电层。

（2）去除半导电层时，严禁伤及绝缘层。

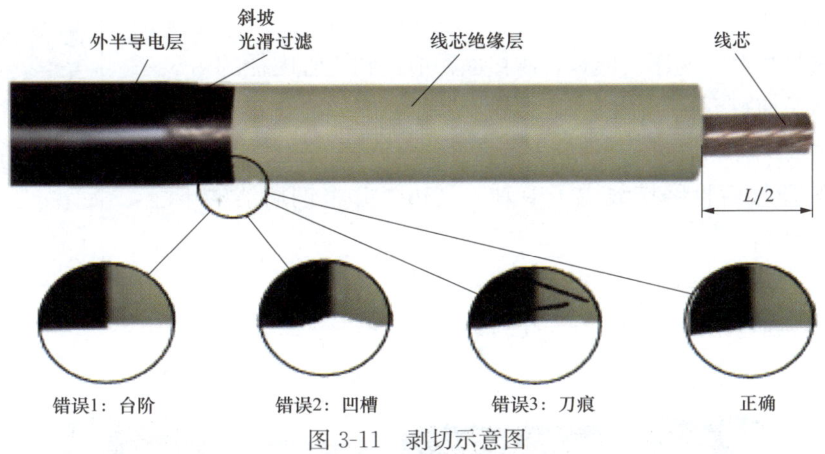

图 3-11　剥切示意图

（3）半导电断口必须进行斜坡处理，处理后半导电层断口应圆整、无尖端、无缺损。

（4）严禁用打磨过半导电层的砂纸打磨主绝缘。

6. 剥线芯绝缘

17冷缩型中间接头安装【第七步 剥线芯绝缘】

按工艺尺寸要求切除端部绝缘层；将绝缘层断口进行倒角，用细砂带将绝缘倒角表面打磨圆滑；按照工艺尺寸要求在半导电断口以下规定尺寸处用 PVC 胶带做好标记；用 PVC 胶带将线芯端头临时包好，以免划伤冷缩中间接头绝缘主体内壁。

注意事项：电缆绝缘断口严禁削成铅笔头。

7. 套入中间接头绝缘主体

18冷缩型中间接头安装【第八步 套入中间接头绝缘主体】

将中间接头绝缘主体套入处理完毕的电缆长端，注意绝缘主体衬条伸出的一端应先套入电缆。套入中间接头绝缘主体示意图如图 3-12 所示。

注意事项：套装前，应确保电缆清洁、干燥。

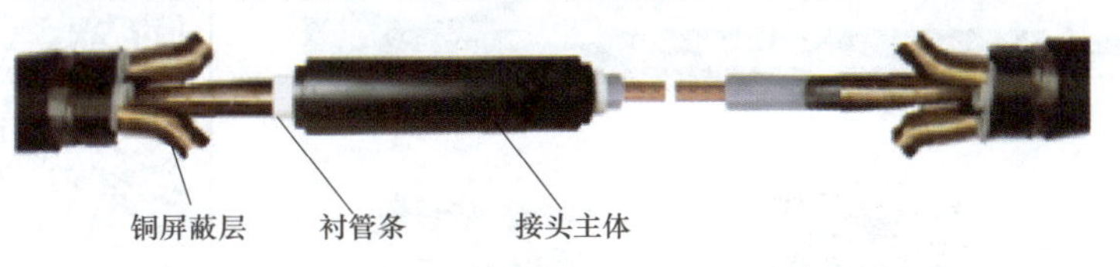

图 3-12　套入中间接头绝缘主体示意图

8. 压接连接管

导体压接前应检查两侧接头部件是否全部套入电缆。按照 GB/T 14315—

2008《电力电缆导体用压接型铜、铝接线端子和连接管》，电缆的规格应选择相对应的压接模具，压接面积应达到接管内径的 1.5～2 倍，压接后应打磨接管压痕。压接管安装示意图如图 3-13 所示。

19冷缩型中间接头安装【第九步 压接连接管】

注意事项：

（1）压接后打磨接线端子毛刺、飞边，并将铜屑清洁干净，不得污染绝缘。

（2）严禁在压接后的接管外缠绕绝缘带材。

（3）接管压接应牢固、平直。

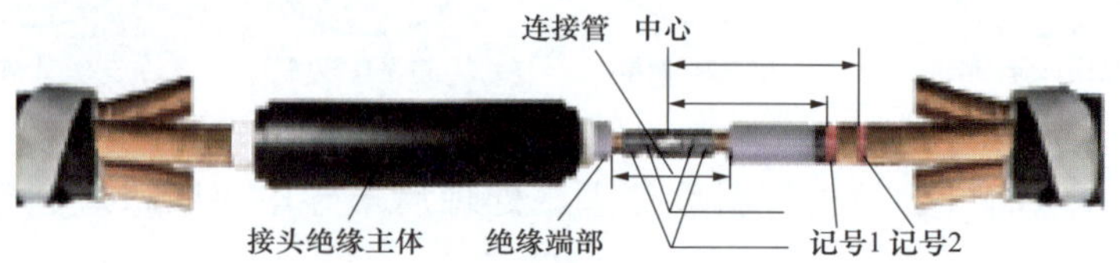

图 3-13 压接管安装示意图

9. 收缩中间接头

20冷缩型中间接头安装【第十步 清洁电缆绝缘表面】

（1）清洁电缆绝缘表面，必须由绝缘向半导电层方向擦拭，清洁巾一面只使用一次，严禁来回擦拭绝缘表面。待清洁剂充分挥发后，在两端电缆绝缘表面均匀涂抹硅油或硅脂。

（2）按安装工艺尺寸要求，使用 PVC 胶带在电缆短端的半导电层上做应力锥的定位标记。将绝缘主体拉至接头中间，使其一端与定位标记平齐，然后逆时针方向均匀抽出衬管条，如收缩位置存在误差，应在收缩完毕后立刻调整绝缘主体的位置，使中间接头处在工艺要求位置，安装绝缘主体如图 3-14 所示。在绝缘主体两端用阻水胶带采用 1/2 搭接的方式缠绕成斜坡，坡顶与中间接头端面平齐，确保缠绕后的阻水胶带能够起到密封防水作用，再用半导电带在其表面进行包缠。

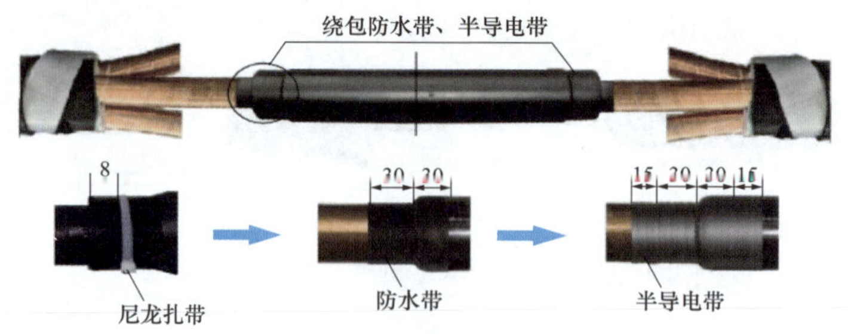

图 3-14 安装绝缘主体

21冷缩型中间接头安装【第十一步 冷缩终端对接管安装与端部防水密封】

（3）恢复铜屏蔽，按安装工艺的要求，将铜网安装在每相电缆上，与电缆两端铜屏蔽搭接接触良好，并采用恒力弹簧卡牢，如有工艺要求在两铜屏蔽间连接一根地线。恢复铜屏蔽示意图如图 3-15 所示。

22冷缩型中间接头安装【第十二步 铜编织带、铜网安装】

（4）将三相并拢，用工艺要求的带材对三相电缆进行固定。

（5）将防水胶带拉伸 1.5 倍，并采用 1/2 搭接的方式缠绕三相电缆（涂胶面向内），并按照工艺要求长度与两端内护套搭接。

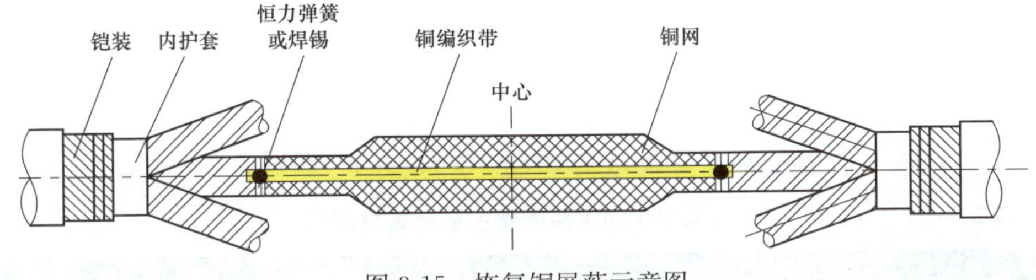

图 3-15 恢复铜屏蔽示意图

（6）用恒力弹簧将一根铜编织地线固定在两端钢铠上，并在恒力弹簧上绕包两层 PVC 带。

23冷缩型中间接头安装【第十三步 中间接头防水处理】

（7）按照第（5）条要求，从电缆外护套一端 100mm 处用防水带向另一端半搭盖缠绕。

（8）缠铠装带，将水倒入铠装带包装内，揉搓 1min，取出后，从电缆一端外护套 100mm 处开始，半重叠绕包铠装带至另一端。绕包后应立即将电缆接头固定并保持 60min 不移动。恢复内、外护套示意图如图 3-16 所示。

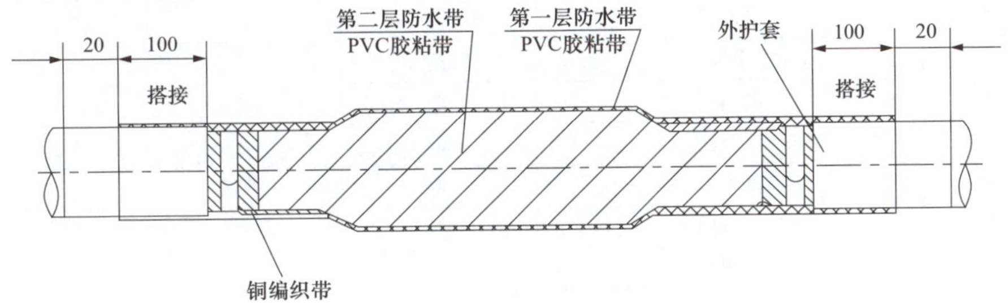

图 3-16 恢复内、外护套示意图

注意事项：

（1）缠绕防水带材时均应 1/2 搭接，尤其防止底部搭接不到位，缠绕时严密无遗漏。

（2）电缆内护套端部应保持清洁，防水带材缠绕尺寸应满足安装工艺要求。

（3）电缆外护套端部应保持清洁，防水带材缠绕尺寸应满足安装工艺要求。

10. 电缆中间接头固定

中间接头安装完成，并待铠装带硬化后，根据现场情况选用合适的方式进行固定。

24冷缩型中间接头安装【第十四步 固定铠装地线、中间接头防水处理】

25冷缩型中间接头安装【第十五步 缠铠装带】

三、工具材料

（1）主要设备及器具（以 1 只电缆中间接头为例）如表 3-3 所示。

表 3-3　冷缩型中间接头安装主要设备及器具

序号	名称	单位	数量	备注
1	接头材料	套	1	
2	断线剪	把	1	
3	电锯	把	1	
4	壁纸刀	把	2	
5	钢板尺	套	1	
6	盒尺	个	2	
7	温湿度计	个	1	
8	活扳手	把	2	
9	力矩扳手	把	1	
10	螺钉旋具	套	2	
11	电源箱	台	1	
12	手锯	把	2	
13	尖嘴钳	把	2	
14	克丝钳	把	2	
15	电工刀	把	2	
16	手电筒	把	2	
17	照明灯	个	3	
18	压钳	把	1	
19	压模	套	1	
20	接头托架	个	1	
21	平板锉	把	1	
22	煤气罐	罐	1	

(2) 施工用的主要材料如表 3-4 所示。

表 3-4　　冷缩型中间接头安装主要材料

序号	名称	单位	数量	备注
1	清洁巾	张	按需	
2	记号笔	个	2	
3	电源线	m	50	
4	医用手套	副	5	
5	保鲜膜	卷	4	
6	铁线	m	50	
7	PVC 胶带	卷	10	
8	砂纸	张	5	

第三节　热缩型户内/户外终端安装

一、施工准备

(1) 电缆附件的安装应由经过培训的、熟悉工艺的、具有专业水平的持证人员进行。

(2) 安装电缆附件前安装人员应参加班组的技术、安全交底。

(3) 检查附件安装工作所必需的工器具是否齐全。

(4) 检查附件材料是否齐备，规格应与施工电缆规格对应。

(5) 对电缆附件材料进行外观检查，是否完好无破损，使用日期是否在质保期内。

(6) 检查电缆本体是否受潮，电缆外观是否良好。如果电缆受潮，严禁在受潮段进行电缆附件安装。

(7) 施工人员认真阅读安装工艺，了解附件各部尺寸。严格按照附件厂家所提供安装工艺进行施工。使用新附件材料时，应经过培训，首次安装时厂家技术负责人应到场指导。

(8) 安装环境空气相对湿度应为 70% 及以下；当相对湿度大时，应进行去湿处理。在室外制作电缆附件时，严禁在雾或雨中施工。

二、终端安装

1. 锯断电缆

根据现场情况，确定电缆最终断点，做好标记，锯断电缆。

2. 剥外护套、铠装和内护套

按照安装工艺尺寸自电缆端头剥除电缆外护套，保留 30mm 铠装（铠装断口用铜绑线扎紧）及 10mm 内护套，其余剥去。用 PVC 胶带将每相铜屏蔽带端头临时包好，刀刃向外清理填充物，将三相分开。外护套、铠装和内护套剥切示意图如图 3-17 所示。

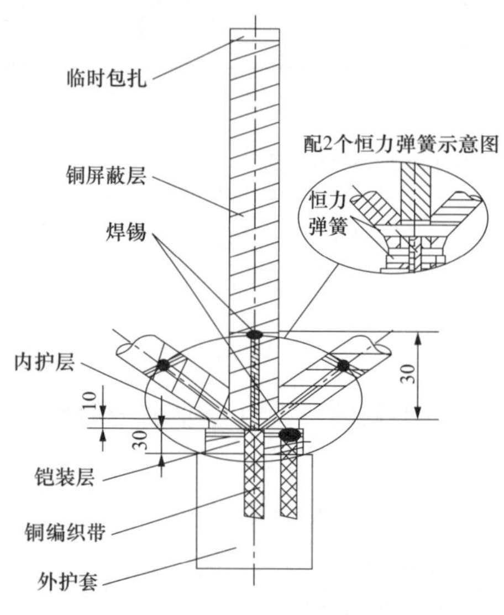

图 3-17　外护套、铠装和内护套剥切示意图

注意事项：

（1）每去除上一电缆护层，严禁伤及下层结构。

（2）外护套端口下 50mm 需打磨粗糙。

3. 焊接地线，绕密封填充胶

用锉刀打毛铠装表面；将铜编织线用恒力弹簧抱紧或锡焊在铠装打毛处；将另一根铜编织线缠绕在内护套以上 30mm 处的三相铜屏蔽上，用恒力弹簧抱紧或锡焊焊牢。掀起两铜编织线，在电缆外护套断口上绕两层填充胶带，将两铜编织带压入其中，在外面包绕填充胶带，再分别绕包三叉口，在绕包的填充胶带上半部分再包绕一层绝缘胶粘带使两根铜编织带相互绝缘，绕包后的外径应小于分支手套内径；在距外护套断口 50～60mm 位置将铜编织带固定。

注意事项：

（1）防潮关键在于铜编织线的渗锡处理和填充胶的缠绕处理。

（2）铜屏蔽和铠装应分别引出铜编织线进行接地。

4. 安装热缩分支手套

将热缩分支手套套至三叉口的根部，确定安装尺寸。先从分支套根部向下缓慢环绕加热收缩，完全收缩后下口应有少量胶液挤出，再从分支手套根部向上缓慢环绕加热直至指管完全收缩，缩后在手套下端用绝缘带包绕 4 层，再加绕 2 层黑色 PVC 胶带，加强密封。

5. 剥铜屏蔽层、半导电层

按安装工艺的尺寸去掉其余半导电层；将绝缘表面存在的轻微划痕、半导电残留用细砂带（通常用 400 目）打磨去除（严重划痕应重新制作），绝缘层严禁有任何划痕、凹槽等缺陷；半导电层断口整理成斜坡，使之平滑过渡；绕二层半导电带将铜屏蔽层与外半导电层之间的台阶盖住。距外半导电层端口 10mm 开始绕包半导电带，不能绕包到外半导电层断口上。

注意事项：

（1）去除铜屏蔽层时，严禁伤及半导电层。

（2）去除半导电层时，严禁伤及绝缘层。

（3）半导电断口必须进行斜坡处理，处理后半导电层断口应圆整、无尖端、无缺损。

6. 安装应力控制管

用清洁巾从上至下把各相清洗干净，待清洁剂挥发后，在绝缘层表面均匀地涂上一层硅油（注意过程的清洁），按照工艺尺寸要求套入应力控制管，用火焰自下往上环绕加热收缩应力控制管。

注意事项：

（1）清洁过程由电缆绝缘向外半导电层方向进行清洗，清洁巾一面只使用一次，严禁来回擦拭绝缘表面。

（2）待清洁剂充分挥发后，再涂抹硅油。

7. 安装热缩绝缘管

将热缩绝缘管分别套入电缆上，热缩绝缘管要套入根部，与分支手套搭接符合要求，从下往上环绕加热收缩。

8. 剥线芯绝缘

确定终端最终位置，锯断多余电缆。自电缆末端按照工艺尺寸要求切除线芯绝缘，将绝缘层断口倒角磨光。

（1）压接接线端子（注意端子脚板直径是否小于雨裙内径，如端子脚板直径大于雨裙内径，实际安装时需根据工艺要求调节端子压接与安装雨裙的顺序）。

将接线端子套在线芯上，根据电缆的规格选择相对应的压接模具，压接的顺序为先上后下。压接后打磨毛刺、飞边。在端子与热缩绝缘管之间包 2～3 层自粘绝缘带或填充胶，之后收缩相色密封管，注意每相相色。

户内终端安装接地线时应注意与零序互感器的配合。电缆通过零序电流互感器时，电缆金属护层和接地线应对地绝缘，电缆接地点在互感器以下时，接地线应直接接地；接地点在互感器以上时，接地线应穿过互感器接地。

注：至此户内终端安装完毕，以下安装步骤为户外终端。

（2）安装雨裙及相色管。清洁绝缘管表面，户外终端在每相上套入雨裙，先套入三孔雨裙，后套入单孔雨裙，加热收缩，雨裙间距应符合厂家工艺尺寸要求。将热缩相色管按相位颜色分别套入各相，环绕加热收缩。

（3）电缆终端的固定及接地线的安装。将电缆就位，垂直固定在电缆支架上，用电缆抱箍固定，并垫橡胶垫。

安装地线，先将铜屏蔽地线与铠装地线连接，再将地线与主接地线连接。注意接触面要打磨干净，符合要求，接触良好。

（4）缠绕相色带。在终端的下部正确缠绕黄、绿、红相色带，要求整齐、一致、美观，安装好的热缩型户内/户外终端如图 3-18 所示。

注意事项：进行动火施工时应注意周围环境及设备，避免引起火灾或其他意外。

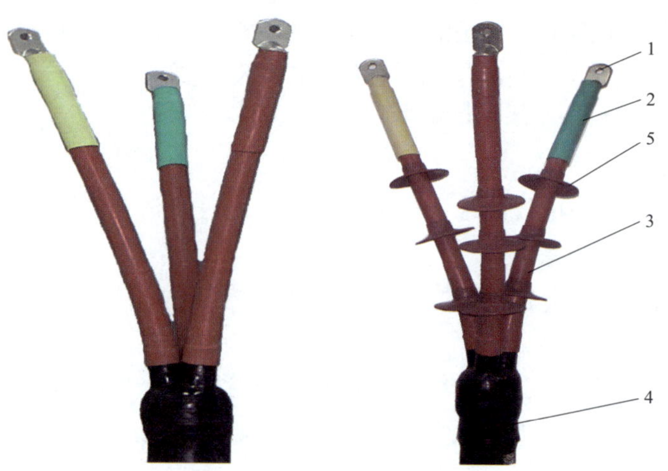

图 3-18　热缩型户内/户外终端

（a）户内终端；（b）户外终端

1—接线端子；2—相色管；3—绝缘管；4—分支手套；5—雨裙

三、工具材料

（1）主要设备及器具（以 1 只电缆终端为例）如表 3-5 所示。

表 3-5　　热缩型户内/户外终端安装主要设备及器具

序号	名称	单位	数量	备注
1	终端材料	套	1	
2	断线剪	把	1	
3	电锯	把	1	
4	壁纸刀	把	1	
5	钢板尺	套	1	
6	盒尺	个	2	
7	温湿度计	个	1	
8	活扳手	把	1	
9	力矩扳手	套	1	
10	螺钉旋具	套	1	
11	电源箱	台	1	
12	手锯	把	1	
13	尖嘴钳	把	1	
14	克丝钳	把	1	
15	电工刀	把	1	
16	手电筒	把	1	
17	照明灯	个	2	
18	压钳	把	1	
19	压模	套	1	
20	电缆抱箍	个	2	
21	平板锉	把	1	
22	接地材料	份	1	
23	煤气罐	个	1	

（2）施工用的主要材料如表 3-6 所示。

表 3-6　　热缩型户内/户外终端安装主要材料

序号	名称	单位	数量	备注
1	清洁巾	张	按需	
2	记号笔	个	1	
3	电源线	m	50	
4	医用手套	副	2	
5	保鲜膜	卷	1	
6	PVC 胶粘带	卷	5	
7	砂纸	张	5	

第四节　热缩型中间接头安装

一、施工准备

(1) 电缆附件的安装应由经过培训的，熟悉工艺的，具有专业水平的持证人员进行。

(2) 安装电缆附件前安装人员应参加班组的技术、安全交底。

(3) 检查附件安装工作所必需的工器具、附件材料是否齐备。

(4) 附件材料的规格应与电缆规格对应。对附件材料进行外观检查，是否完好无破损，使用日期是否在质保期内。

(5) 施工人员认真阅读安装工艺，熟悉接头图纸，掌握接头尺寸。严格按照电缆附件厂家所提供安装工艺进行施工。使用新附件材料时，应经过培训，首次安装时厂家技术负责人应到场指导。

(6) 空气相对湿度应为70%及以下；当相对湿度大时，进行去湿处理。在室外制作电缆附件时，严禁在雾或雨中施工。

(7) 直埋电缆中间接头坑尺寸应大于整体电缆接头尺寸，并用细沙填充，严禁有石块之类的硬物。

(8) 检查电缆本体是否受潮，电缆外观是否良好。如果电缆受潮，严禁在受潮段进行电缆附件安装。

(9) 电缆中间接头处两条电缆需对搭重叠2m，以防止因牵引造成损伤电缆，调直电缆端头部分并平行码放使其重叠。

(10) 确定接头中心位置，清洁接头中心两侧1～2m的电缆外护套的表面。

二、中间接头安装

1　锯断电缆

根据现场情况，锯断电缆。根据工艺尺寸要求自接头中心向电缆端部预留电缆，去除多余电缆。

2. 剥切外护套

将锯好的电缆按安装工艺尺寸剥切外护套，将外护套断口后100mm段用砂纸打毛粗糙。

3. 去除钢铠

先将钢铠前端用 PVC 带扎好或保留端口处一小段外护套（防止钢铠散开），再按安装工艺在预留钢铠尺寸处用铜绑线（或使用恒力弹簧），固定牢靠后，锯除多余钢铠；锯钢铠时深度不超过铠装厚度的 1/2，锯断钢铠不得损伤内护套，切口要整齐，不得有尖角毛刺，并用 PVC 胶带将钢铠断口缠绕 2～3 层，起保护作用。

4. 剥内护套

在钢铠断口处按工艺尺寸要求保留内护套，其余去除，切除内护套时严禁伤及铜屏蔽。划深应为内护套厚度的 1/2。用 PVC 胶带在铜屏蔽端部绕包 1～2 层，防止铜屏蔽散开。核实接头中心位置，最终锯断多余电缆。剥切护套示意图如图 3-19 所示。

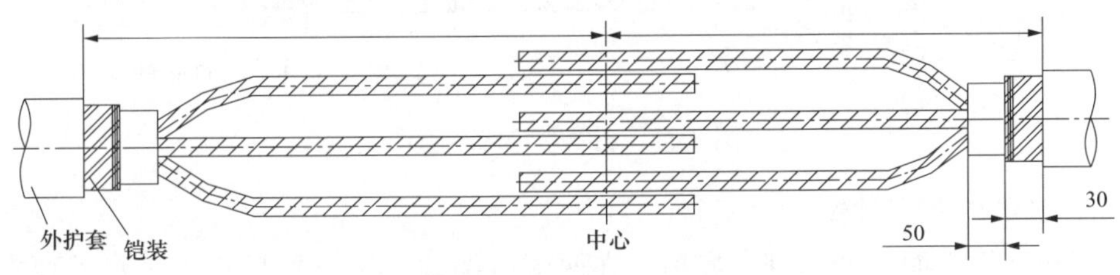

图 3-19　剥切护套示意图

5. 剥铜屏蔽层、半导电层

按照安装工艺尺寸要求去除铜屏蔽、半导电层。去除铜屏蔽时可使用小恒力弹簧固定，铜屏蔽及半导电层断口边缘齐整、无毛刺，将绝缘表面存在的轻微划痕、半导电残留用细砂带（通常用 400 目）打磨去除（严重划痕应重新制作），绝缘层表面严禁有任何划痕、凹槽等缺陷；半导电层断口需处理成斜坡，使之平滑过渡。剥除铜屏蔽层、半导电层示意图如图 3-20 所示。

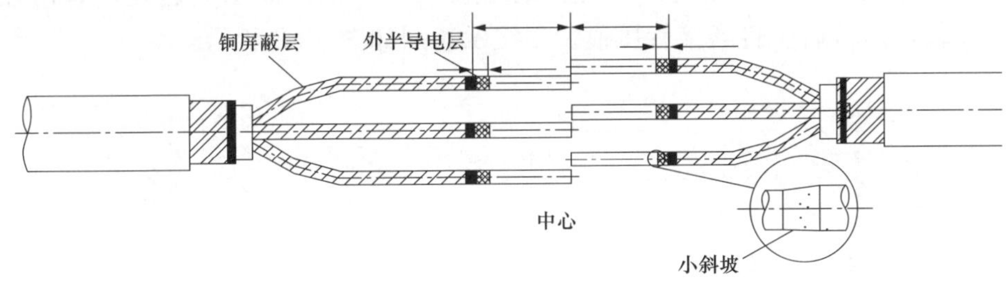

图 3-20　剥除铜屏蔽层、半导电层示意图

注意事项：

（1）去除铜屏蔽层时，严禁伤及半导电层。

（2）去除半导电层时，严禁伤及绝缘层。

（3）半导电断口必须进行斜坡处理，处理后半导电层断口应圆整、无尖端、无缺损。

（4）严禁用打磨过半导电层的砂纸打磨主绝缘。

6. 剥线芯绝缘

按工艺尺寸要求切除端部绝缘层，把两端电缆绝缘断口削成铅笔头。剥线芯绝缘示意图如图 3-21 所示。

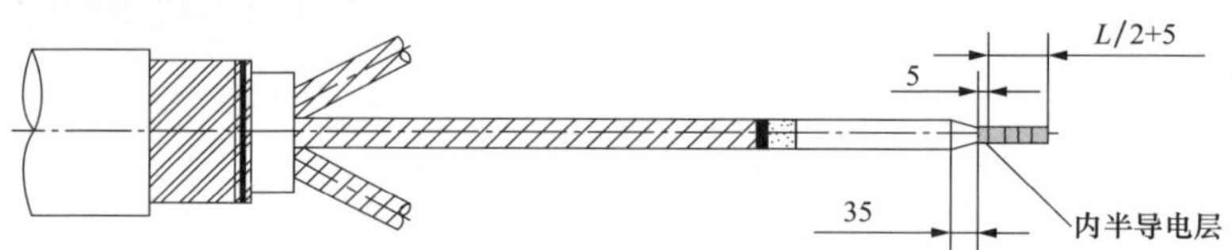

图 3-21　剥线芯绝缘示意图

7. 固定应力控制管

清洁绝缘表面，清洁剂干燥后，在两端电缆线芯上，按厂家工艺尺寸要求对半导电层断口一定范围内涂一层硅油或硅脂，套入应力控制管，与外半导电导层搭接 20mm，加热收缩。

8. 套入相关部件

根据工艺要求将热缩护套密封管分别套入两端电缆。在长端三相缆芯上分别套入热缩绝缘管和半导电热缩管，将三个铜丝网撑开，分别套入短端电缆线芯上。

9. 压接连接管

导体压接前应检查两侧接头部件是否全部套入电缆。按照 GB/T 14315—2008 要求，电缆的规格应选择相对应的压接模具，压接面积应达到接管内径的 1.5～2 倍，压接后应打磨接管压痕。压接示意图如图 3-22 所示。

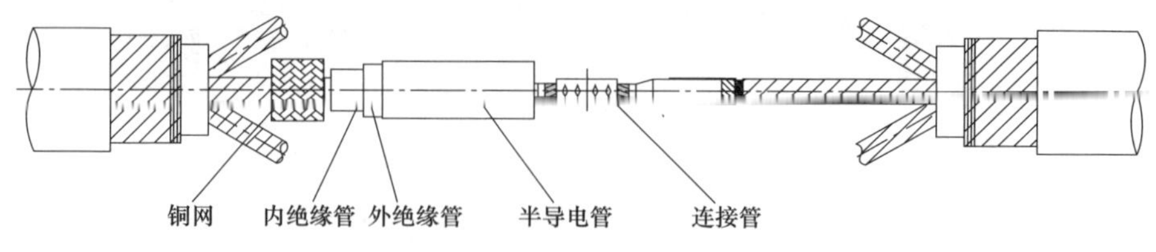

图 3-22　压接示意图

注意事项：

（1）压接后打磨接线端子毛刺、飞边，并将铜屑清洁干净，不得污染绝缘。

（2）严禁在压接后的接管外缠绕绝缘带材。

（3）接管压接应牢固、平直。

10. 缠绕半导电带及填充胶

清洁铅笔头表面及连接管表面，待清洁剂干燥后，在连接管上包饶1～2层半导电带与两端内半导电层搭接，然后在半导电带外绕包填充胶带将两绝缘端间的凹坑填平，其外径高出线芯绝缘1～2mm。

11. 安装绝缘热缩管、半导电管

（1）清洁电缆绝缘表面，必须由绝缘向半导电层方向擦拭，清洁巾一面只使用一次，严禁来回擦拭绝缘表面。

（2）待清洁剂充分挥发后，将绝缘热缩管移至接管上，中部对正，从中间向两边加热收缩。

（3）将半导电热缩管移至已收缩的绝缘热缩管上，从中间向两边加热收缩，收缩完后与两端铜屏蔽搭接。恢复绝缘层、半导电层示意图如图3-23所示。

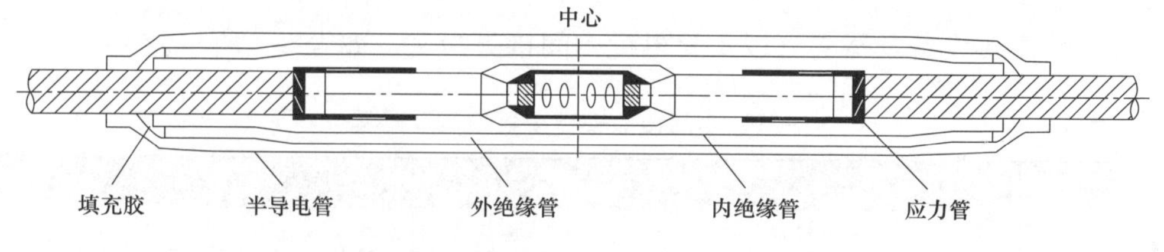

图3-23 恢复绝缘层、半导电层示意图

12. 恢复铜屏蔽、内护套

（1）按安装工艺的要求，将铜网安装在每相电缆线芯上，与电缆两端铜屏蔽搭接接触良好，并采用恒力弹簧或用焊锡卡牢，如有工艺要求在两铜屏蔽间连接一根地线。

（2）将三相并拢，按照工艺要求的带材对三相电缆进行固定。

（3）根据厂家工艺要求恢复电缆内护套、将一长一短两根热缩护套管拉至中间，两端分别与内护套搭接，搭接尺寸符合工艺要求，向中间均匀环绕加热收缩。

13. 恢复钢铠与外护套

（1）将钢铠打毛粗糙，后用恒力弹簧或焊锡将铜编织线固定在两端的钢铠上。

（2）恢复电缆外护套，将两根热缩管拉至中间与两端电缆的外护套搭接，搭接尺寸符合工艺要求，从中间向两端均匀加热收缩。恢复内护套与钢铠示意图如图 3-24 所示。

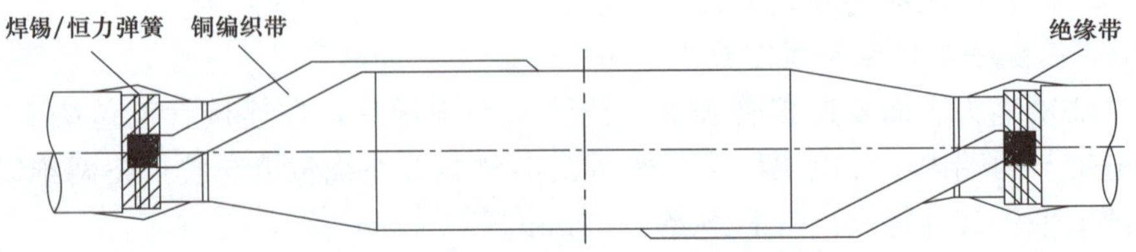

图 3-24　恢复内护套与钢铠示意图

14. 电缆中间接头固定

中间接头安装完成，待热缩管冷却后，根据现场情况选用合适的方式进行固定。

三、工具材料

（1）主要设备及器具（以 1 只电缆中间接头为例）如表 3-7 所示。

表 3-7　　热缩型中间接头安装主要设备及器具

序号	名称	单位	数量	备注
1	接头材料	套	1	
2	断线剪	把	1	
3	电锯	把	1	
4	壁纸刀	把	1	
5	钢板尺	套	1	
6	盒尺	个	2	
7	温湿度计	个	1	
8	活扳手	把	1	
9	力矩扳手	套	1	
10	螺钉旋具	套	1	
11	电源箱	台	1	
12	手锯	把	1	
13	尖嘴钳	把	1	
14	克丝钳	把	1	
15	电工刀	把	1	

续表

序号	名称	单位	数量	备注
16	手电筒	把	1	
17	照明灯	个	2	
18	压钳	把	1	
19	压模	套	1	
20	接头托架	个	1	
21	平板锉	把	1	
22	煤气罐	个	1	

（2）施工用的主要材料如表 3-8 所示。

表 3-8　　热缩型中间接头安装主要材料

序号	名称	单位	数量	备注
1	清洁巾	张	按需	
2	记号笔	个	1	
3	电源线	m	50	
4	医用手套	副	2	
5	保鲜膜	卷	1	
6	铁线	m	50	
7	PVC 胶粘带	卷	5	
8	砂纸	张	5	

第五节　预制型户内/户外终端安装

一、施工准备

（1）电缆附件的安装应由经过培训的、熟悉工艺的、具有专业水平的持证人员进行。

（2）安装电缆附件前安装人员应参加班组的技术、安全交底。

（3）检查接头工作所必需的工器具、接头材料是否齐备。

（4）接头材料的规格应与电缆规格对应。

（5）施工人员认真阅读安装工艺，了解接头各部尺寸。严格按照安装工艺进行施工。

（6）空气相对湿度应为70%及以下；当相对湿度大时，应进行去湿处理。在室外制作电缆接头时，严禁在雾或雨中施工。

二、终端安装

（1）根据现场情况，确定最终断点，做好标记，锯断电缆。

（2）剥外护套、铠装和内护套。自电缆端头剥除电缆外护套，长度700mm。铠装断口用扎线扎紧，保留30mm铠装及10mm内护套，去除多余铠装和内护套。用胶粘带将每相铜屏蔽带端头临时包好，刀刃向外清理填充物，将三相分开。

（3）焊接地线，绕密封填充胶。用锉刀打毛铠装表面；用扎线将铜编织带扎紧在铠装上，用锡焊牢或用恒力弹簧抱紧；将另一根铜编织带分成三股，分别用扎线扎紧在内护套以上30mm处的三相铜屏蔽上，用锡焊牢或用恒力弹簧抱紧。自外护套断口处至其以下40mm长范围内的铜编织带均需进行渗锡处理，形成防潮层。掀起两铜编织带，在电缆外护套断口上绕两层填充胶，将两铜编织带压入其中，在外面包绕几层填充胶，再分别绕包三叉口，在绕包的填充胶上半部分再包绕一层胶粘带，两铜编织带相互绝缘，绕包后的外径应小于分支手套内径。在距外护套断口50～60mm位置将铜编织带固定。

（4）安装分支手套、确定安装尺寸。将分支手套套至三叉口的根部，如分支手套为冷缩型，沿逆时针方向均匀抽掉衬管条，先抽掉尾管部分，然后再分别抽掉指套部分，使冷缩分支手套收缩；如分支手套为热缩型，则由分支手套指管根部向两端加热收缩。缩后在手套下端用绝缘带包绕4层，再加绕2层胶粘带，加强密封。

（5）安装绝缘管。将一根绝缘管套入电缆一相（当绝缘管为冷缩管时，衬管条伸出的一端后入电缆），一端与分支手套指管搭接20mm，收缩该绝缘管。距电缆端头为L+180mm（L为端子孔深）用胶粘带做好标记。去掉标记以上绝缘管。

（6）剥铜屏蔽层、半导电层。自绝缘管端口向上量取15mm长铜屏蔽层，其余铜屏蔽层去掉；自绝缘管端口向上量取30mm长半导电层，其余半导电层去掉；将绝缘表面存在的轻微划痕、半导电残留用细砂带（通常用400目）打磨去除（严重划痕应重新制作），绝缘层不能有划痕、凹槽等缺陷；半导电层末端整理成斜坡，使之平滑过渡；绕二层半导电带将铜屏蔽层与外半导电层之间的台阶盖住。注意：离外半导电层端口10mm开始绕包半导电带；不能绕包到外半导电层端口上。

（7）剥线芯绝缘。自电缆末端剥去线芯绝缘及内屏蔽层，长度为$L+20$mm（L为端子孔深）；将绝缘层端头倒角，用细砂带将绝缘倒角表面砂光。复核绝缘长：130mm。在半导电上端口以下55mm处用胶粘带做好标记。用胶粘带将线芯端头临时包好。

（8）安装终端、罩帽。用清洁巾从上至下把各相清洗干净，待清洁剂挥发后，在绝缘层表面均匀地涂上一层硅油，用力将终端套入，直至终端末端与标记对齐为止，抹尽挤出的硅油。用尼龙扎带扎紧终端的尾部。将罩帽大端向外翻开，套入电缆，待罩帽内腔台阶顶住绝缘，再将罩帽大端复原罩住终端，注意罩帽的颜色与电缆相位一致。

（9）压接接线端子。除去临时包在线芯端头上的胶粘带，将接线端子套在线芯上，压接接线端子；在端子与罩帽之间包2～3层自粘绝缘带，外面再用黑色PVC胶粘带包好，加强密封。按此工艺处理其他两相。

（10）电缆终端的固定及接地线的安装。将电缆就位，垂直固定在电缆支架上，用电缆抱箍固定，并垫橡胶垫。

安装地线，先将铜屏蔽地线与铠装地线连接，再将地线与主接地线连接。注意接触面要打磨干净，符合要求，接触良好。

户内终端安装接地线时应注意与零序互感器的配合。电缆通过零序电流互感器时，电缆金属护层和接地线应对地绝缘，电缆接地点在互感器以下时，接地线应直接接地；接地点在互感器以上时，接地线应穿过互感器接地。

（11）缠绕相色带。在终端的下部正确缠绕黄、绿、红相色带，要求整齐、一致、美观。预制型户内/户外终端如图3-25所示。

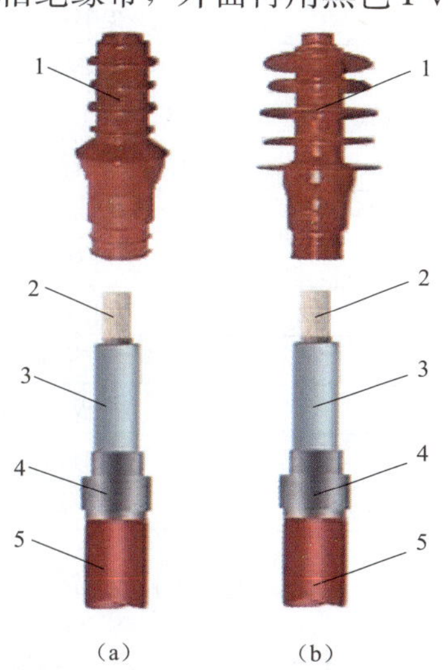

图3-25　预制型户内/户外终端

（a）户内终端；（b）户外终端

1—预制终端；2—电缆线芯；3—电缆绝缘；4—半导电带；5—绝缘管

三、工具材料

（1）主要设备及器具（以1只电缆终端为例）如表3-9所示。

表 3-9　　　　　　　　预制型户内/户外终端安装主要设备及器具

序号	名称	单位	数量	备注
1	终端材料	套	1	
2	断线剪	把	1	
3	电锯	把	1	
4	壁纸刀	把	1	
5	钢板尺	套	1	
6	盒尺	个	2	
7	温湿度计	个	1	
8	活扳手	把	1	
9	力矩扳手	套	1	
10	螺钉旋具	套	1	
11	电源箱	台	1	
12	手锯	把	1	
13	尖嘴钳	把	1	
14	克丝钳	把	1	
15	电工刀	把	1	
16	手电筒	把	1	
17	照明灯	个	2	
18	压钳	把	1	
19	压模	套	1	
20	电缆抱箍	个	2	
21	平板锉	把	1	
22	接地材料	份	1	
23	煤气罐	个	1	

（2）施工用的主要材料如表 3-10 所示。

表 3-10　　　　　　　　预制型户内/户外终端安装主要材料

序号	名称	单位	数量	备注
1	清洁巾	张	按需	
2	记号笔	个	1	
3	电源线	m	50	
4	医用手套	副	2	
5	保鲜膜	卷	1	
6	PVC 胶粘带	卷	5	
7	砂纸	张	5	

第六节　预制型中间接头安装

一、施工准备

（1）电缆附件的安装应由经过培训的、熟悉工艺的、具有专业水平的持证人员进行。

（2）安装电缆附件前安装人员应参加班组的技术、安全交底。

（3）检查接头工作所必需的工器具、接头材料是否齐备。

（4）接头材料的规格应与电缆规格对应，使用日期是否在质保期内。

（5）施工人员认真阅读安装工艺，熟悉接头图纸，掌握接头尺寸。严格按照安装工艺进行施工。

（6）使用新接头材料时，应经过培训，首件安装时技术负责人应到场指导。

（7）空气相对湿度应为70%及以下；当相对湿度大时，进行去湿处理。在室外制作电缆接头时，严禁在雾或雨中施工。

（8）直埋电缆接头坑的尺寸应符合要求。

（9）检查电缆本体是否受潮，电缆外观是否良好。如果电缆受潮，严禁在受潮段进行电缆附件安装。

（10）中间接头处两条电缆重叠2m，调直电缆端头部分并平行码放使其重叠。

（11）确定电缆接头的中心，并根据现场情况确定长端、短端。

（12）清洁接头中心两侧1～2m的电缆外护套的表面。

二、中间接头安装

1．根据现场情况，锯断电缆

自接头中心向电缆端部预留200mm电缆，去除多余电缆。

2．剥切外护套

将锯好的电缆按安装工艺尺寸剥切外护套，将外护套断口后100mm段用砂纸打毛。

3．去除钢铠

先将钢铠前端用PVC带扎好或保留端口处一小段外护套（防止钢铠散开）

再按安装工艺在预留钢铠尺寸处捆绑扎丝（或使用恒力弹簧），固定牢靠后，锯除多余钢铠；锯钢铠时深度不超过铠装厚度的 1/2，锯断钢铠不得损伤内护套，切口要整齐，不得有尖角毛刺。

4. 剥内护套

在钢铠断口处保留内护套 15～20mm，其余切除，用胶带在铜屏蔽端部绕包 1～2 层，防止铜屏蔽散开。切除内护套时勿伤及铜屏蔽。划深应为内护套厚度的 1/2。

5. 核实接头中心位置，最终锯断多余电缆

6. 剥铜屏蔽层、半导电层

按安装工艺的尺寸使用恒力弹簧去除铜屏蔽和半导电层，铜屏蔽边缘用自粘铜条缠绕，铜屏蔽及半导电层断口边缘整齐、无毛刺，去除半导电层时不得划伤绝缘。

注：操作此步骤时要格外小心，铜屏蔽及半导体断口边缘不能有毛刺及尖端。

7. 剥线芯绝缘

按接管长度的（1/2＋5）mm 切除绝缘，并将两端电缆绝缘的端部做倒角。

8. 处理半导电层和主绝缘层

用砂纸或小圆锉对半导电层断口进行打磨处理；将绝缘表面存在的轻微划痕、半导电残留用细砂带（通常用 400 目）打磨去除（严重划痕应重新制作）；不能用打磨过半导电层的砂纸打磨主绝缘。清洁电缆绝缘表面，必须由绝缘向半导电层擦拭。

9. 套入相关部件

（1）将一长一短两根热缩护套密封管分别套在长端、短端电缆上。

（2）在接头预制件内表面、电缆绝缘层及半导电屏蔽层上均匀涂一层硅脂，然后将接头预制件套上并用力推入长端电缆，直到电缆绝缘从另一端露出为止，用干净的纸擦去多余的硅脂。

10. 压接连接管

按照 GB/T 14315—2008 要求，应根据电缆的规格选择相对应的模具，压接的顺序为先中间后两边。压接后打磨毛刺、飞边。

11. 安装中间接头

（1）清洁电缆绝缘表面，必须由绝缘向半导电层擦拭。

（2）按安装工艺的要求用半导电带将接管处填充。

（3）清理电缆绝缘表面，在短端电缆绝缘和填充物上均匀涂抹硅脂。

（4）按安装工艺的要求在电缆短端的半导电层上作应力锥的定位标记，将中间接头预制件用力推入要求的位置。

（5）恢复铜屏蔽，按安装工艺的要求，用恒力弹簧将铜屏蔽恢复材料安装在每相电缆上，与电缆两端铜屏蔽搭接接触良好。

（6）将三相电缆合拢，用胶带将电缆捆牢，在恒力弹簧处用胶带 1/2 搭接缠绕两层。

（7）将热缩内护套管拉至接头中间，使其两端与两电缆内护套搭接，从中间向两端均匀加热，直至有少量热熔胶挤出。

（8）用恒力弹簧将铜编织地线固定在铠装上，固定牢固。在恒力弹簧处用胶带缠绕两层。

（9）恢复电缆外护套，将热缩管拉到接头上，与接头两端电缆的外护套搭接 100mm，从中间向两端均匀加热。

10kV 三芯交联聚乙烯绝缘电缆预制中间接头结构如图 3-26 所示。

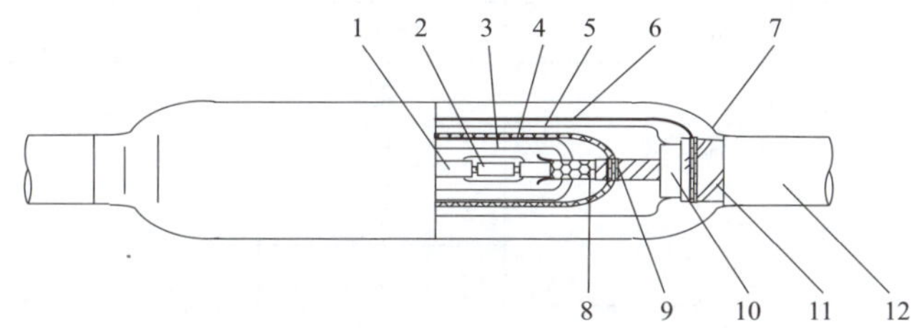

图 3-26　10kV 三芯交联聚乙烯绝缘电缆预制中间接头结构图

1—绝缘层；2—连接管；3—接头预制件；4—铜丝网；5—热缩内护套管；6—铜编织地线；7—热缩外护套管；8—半导电层；9—铜屏蔽；10—内护套；11—钢铠；12—外护套

12. 中间接头安装完成

中间接头安装完成后，待热缩管冷却后，放在接头托架上，接头托架与隧道支架或地面固定。

三、工具材料

（1）主要设备及器具（以 1 只电缆中间接头为例）如表 3-11 所示。

表 3-11　　预制型中间接头安装主要设备及器具

序号	名称	单位	数量	备注
1	接头材料	套	1	
2	断线剪	把	1	
3	电锯	把	1	

续表

序号	名称	单位	数量	备注
4	壁纸刀	把	2	
5	钢板尺	套	1	
6	盒尺	个	2	
7	温湿度计	个	1	
8	活扳手	把	2	
9	力矩扳手	把	1	
10	螺钉旋具	套	2	
11	电源箱	台	1	
12	手锯	把	2	
13	尖嘴钳	把	2	
14	克丝钳	把	2	
15	电工刀	把	2	
16	手电筒	把	2	
17	照明灯	个	3	
18	压钳	把	1	
19	压模	套	1	
20	接头托架	个	1	
21	平板锉	把	1	
22	煤气罐	个	1	

（2）施工用的主要材料如表 3-12 所示。

表 3-12　　　　预制型中间接头安装主要材料

序号	名称	单位	数量	备注
1	清洁巾	张	按需	
2	记号笔	个	2	
3	电源线	m	50	
4	医用手套	副	5	
5	保鲜膜	卷	4	
6	铁线	m	50	
7	PVC 胶带	卷	10	
8	砂纸	张	5	

第七节　肘型终端安装

一、施工准备

（1）电缆附件的安装应由经过培训的、熟悉工艺的、具有专业水平的持证人员进行。

（2）安装电缆附件前安装人员应参加班组的技术、安全交底。

（3）检查附件安装工作所必需的工器具是否齐全。

（4）附件材料是否齐备，规格应与施工电缆规格对应。

（5）对附件材料进行外观检查，是否完好无破损，使用日期是否在质保期内。

（6）检查电缆本体是否受潮，电缆外观是否良好。如果电缆受潮，严禁在受潮段进行电缆附件安装。

（7）必须提前将铜编织线进行长度为 40mm 的渗锡防潮处理或在铜编织线上收缩热缩绝缘管。

26肘型终端安装
【第一步　安装准备工作】

（8）施工人员认真阅读安装工艺，了解接头各部尺寸。严格按照电缆附件厂家所提供安装工艺进行施工。使用新型附件材料时，应经过培训，首次安装时厂家技术负责人应到场指导。

（9）接头环境空气相对湿度应为 70%及以下；当相对湿度大时，应进行去湿处理。在室外制作电缆接头时，严禁在雾或雨中施工。

二、终端安装

27肘型终端安装
【第二步　锯断电缆】

28肘型终端安装
【第三步　剥切护套、铠装和内护套】

1. 锯断电缆

根据现场情况，确定电缆最终断点，做好标记，锯断电缆。

2. 剥外护套、铠装和内护套

按照安装工艺尺寸自电缆端头剥除电缆外护套，保留 30mm 铠装（铠装断口用扎线扎紧）及 10mm 内护套，其余剥去。用 PVC 胶带将每相铜屏蔽带端头临时包好，刀刃向外清理填充物，将三相分开。

注意事项：

（1）每去除上一电缆护层，严禁伤及下层结构。

（2）外护套端口下 50mm 需打磨粗糙，以便与缩管能够更好地黏结，提高密封效果。

3. 连接接地线，绕密封填充胶带

29肘型终端安装
【第四步 连接接地线，绕密封填充胶带/防水胶带】

用锉刀打毛铠装表面；用恒力弹簧将铜编织线抱紧在铠装打毛处；将另一根铜编织线缠绕在内护套以上 30mm 处的三相铜屏蔽上，用恒力弹簧抱紧。掀起两根铜编织线，在电缆外护套断口上绕两层填充胶带，将两根铜编织带压入其中，在外面包绕填充胶带，再分别绕包三叉口，在绕包的填充胶带上半部分再包绕一层胶粘带使两根铜编织带相互绝缘隔开，绕包后的外径应小于分支手套内径；在距外护套断口 50～60mm 位置将铜编织带用 PVC 胶带固定。

注意事项：

（1）防潮关键在于铜编织线的渗锡处理和填充胶的缠绕处理。

（2）铜屏蔽和铠装应分别引出铜编织线进行接地。

4. 安装冷缩分支手套

30肘型终端安装
【第五步 安装冷缩分支手套】

将冷缩分支手套套至三叉口的根部，沿逆时针方向均匀抽掉衬管条，先抽掉尾管部分，然后再分别抽掉指套部分，使冷缩分支手套收缩，缩后在手套下端用绝缘带包绕 4 层，再加绕 2 层黑色 PVC 胶带，加强密封。

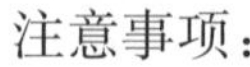

注意事项：

（1）为防止抽衬管条时将填充胶带出，可在三叉口处的填充胶上绕包一层 PVC 胶带。

（2）选择热缩绝缘管时参考第三节工艺要求。

5. 安装冷缩管、确定安装尺寸

31肘型终端安装
【第六步 安装冷缩管、确定安装尺寸】

32肘型终端安装
【第七步 剥铜屏蔽层、半导电屏蔽层】

将一根冷缩管套入电缆一相（衬管条伸出的一端后入电缆），一端与分支手套指管搭接 20mm 以上，沿逆时针方向均匀抽掉衬管条，收缩该冷缩管。

6. 剥铜屏蔽层、半导电层

自冷缩管端口向上量取 15mm 长铜屏蔽层，其余铜屏蔽层去掉；自冷缩管口向上量取 30mm 做好标记，去掉其余半导电层；将绝缘表面存在的轻微划痕、半导电残留用细砂带（通常用 400 目）打磨去除（严重划痕应重新制作），绝缘层严禁有任何划痕、凹槽等缺陷；半导电层断口整理成斜坡，使之平滑过渡；按照厂家工艺要求，在铜屏蔽层与外半导电层之间缠绕半导电带。不能绕包到外半导电层断口上。

注意事项：

（1）去除铜屏蔽层时，严禁伤及半导电层。

（2）去除半导电层时，严禁伤及绝缘层。

（3）半导电断口必须进行斜坡处理，处理后半导电层断口应圆整、无尖端、无缺损。

33肘型终端安装
【第八步 剥线芯绝缘】

7. 剥线芯绝缘

自电缆末端剥去线芯绝缘及内屏蔽层，长度为$L+5$mm（L为端子孔深）；将绝缘层断口进行倒角，用细砂带将绝缘倒角表面打磨圆滑；复核绝缘长度；按照工艺尺寸要求在半导电断口以下规定尺寸处用PVC胶带做好标记；用PVC胶带将线芯端头临时包好，以免划伤应力锥内壁。

8. 安装应力锥、压接接线端子

34肘型终端安装
【第九步 安装应力锥】

根据厂家工艺尺寸要求，从电缆端头向下量取应力锥定位标记，用清洁巾清洁应力锥内外表面、电缆应力锥标记线以上表面，充分挥发后，在电缆绝缘表面及应力锥内表面均匀涂上一层硅油或硅脂，然后将应力锥套入电缆线芯，使应力锥下端平面与标记线平齐。

临时保护应力锥和电缆绝缘，用清洁巾清洁端子，将端子套入。根据电缆的规格选择相对应的压接模具，压接的顺序为先压接线端子侧、再压电缆侧。压接后打磨毛刺、飞边。注意：压接时使端子平面与插拔方向保持基本垂直。

35肘型终端安装
【第十步 压接接线端子】

9. 组装

（1）将肘型终端清洁干净，干燥后在肘型终端内表面均匀涂上一层硅油或硅脂。去掉应力锥和电缆上的临时保护并清洁，将肘型终端用力压入带应力锥的电缆上。注意：压入时应保持应力锥下端不超过标记线。

（2）调整电缆使各相金具上孔与固定螺杆对齐。将肘型终端压入开关柜的绝缘支瓶上。严禁使绝缘支瓶承受由于固定电缆而产生的上下应力。放入大平垫、弹垫、拧紧螺母。

（3）用清洁巾清洁塞止头并使之干燥。在塞止盖外表面及前接头内表面涂一层硅脂，将塞止盖旋入肘型终端中，拧紧，最后盖上端盖。

10. 电缆终端的固定及接地线的安装

36肘型终端安装【第十一步 安装屏蔽型欧式电缆接头（肘型头）前插头】

（1）将电缆就位，垂直固定在电缆支架上，用电缆抱箍固定，并垫橡胶垫。

（2）安装地线。先将铜屏蔽地线与铠装地线连接，再将地线与主接地线连接。注意：接触面要打磨干净，符合要求，接触良好。

（3）安装接地线时应注意与零序互感器的配合。电缆通过零序电流互感器时，电缆金属护层和接地线应对地绝缘，电缆接地点在互感器以下时，接地线应直接接地；接地点在互感器以上时，接地线应穿过互感器接地。

11. 缠绕相色带

在终端的下部正确缠绕黄、绿、红相色带，要求整齐、一致、美观。

三、工具材料

（1）主要设备及器具（以 1 只电缆终端为例）如表 3-13 所示。

表 3-13　　肘型终端安装主要设备及器具

序号	名称	单位	数量	备注
1	终端材料	套	1	
2	断线剪	把	1	
3	电锯	把	1	
4	壁纸刀	把	1	
5	钢板尺	套	1	
6	盒尺	个	2	
7	温湿度计	个	1	
8	活扳手	把	1	
9	力矩扳手	套	1	
10	螺钉旋具	套	1	
11	电源箱	台	1	
12	手锯	把	1	
13	尖嘴钳	把	1	
14	克丝钳	把	1	
15	电工刀	把	1	
16	手电筒	把	1	
17	照明灯	个	2	

续表

序号	名称	单位	数量	备注
18	压钳	把	1	
19	压模	套	1	
20	电缆抱箍	个	2	
21	平板锉	把	1	
22	接地材料	份	1	
23	煤气罐	个	1	

（2）施工用的主要材料如表 3-14 所示。

表 3-14　　肘型终端安装主要材料

序号	名称	单位	数量	备注
1	清洁巾	张	按需	
2	记号笔	个	1	
3	电源线	m	50	
4	医用手套	副	2	
5	保鲜膜	卷	1	
6	PVC 胶粘带	卷	5	
7	砂纸	张	5	

第八节　油纸-交联过渡接头安装

一、施工准备

（1）电缆附件的安装应由经过培训的、熟悉工艺的、具有专业水平的持证人员进行。

（2）安装电缆附件前安装人员应参加班组的技术、安全交底。

（3）检查接头工作所必需的工器具、接头材料是否齐备。

（4）接头材料的规格应与电缆规格对应，使用日期是否在质保期内。

（5）施工人员认真阅读安装工艺，熟悉接头图纸，掌握接头尺寸。严格按照安装工艺进行施工。

（6）使用新接头材料时，应经过培训，首件安装时技术负责人应到场指导。

（7）空气相对湿度应为 70%及以下；当相对湿度大时，进行去湿处理。在室外制作电缆接头时，严禁在雾或雨中施工。

（8）直埋电缆接头坑尺寸应符合要求。

（9）检查电缆本体是否受潮，电缆外观是否良好。如果电缆受潮，严禁在受潮段进行电缆附件安装。

（10）中间接头处两条电缆重叠 2m，调直电缆端头部分并平行码放使其重叠。

（11）确定电缆接头的中心，并根据现场情况确定长端、短端。

（12）清洁接头中心两侧 1～2m 的电缆外护套的表面。

二、中间接头安装

（1）锯断电缆，自接头中心向电缆端部预留 200mm 电缆，去除多余电缆。

（2）分别将内、外护套热缩管套入电缆两端，没有长管可用两根搭接，搭接处不小于 100mm（长管 1550mm，短管 1350m）。

（3）剥除电缆两端外护套长度，自接头中心交联一端为 800mm，油纸一端为 550mm，弯好中间接头工作间隙，锯除多余电缆。

（4）从电缆外护套口向端部各量 50mm，用 ϕ2.0mm 铜绑线绑三圈，锯除端部钢带铠装。

（5）油浸纸电缆端用喷枪烤涂电缆铅包沥青（不得烤化铅包），擦净并保留 150mm 铅包，其他剥除。用涨铅器将铅包口涨成 45°，涨铅口应光滑无毛刺，如图 3-27 所示。留 5mm 外屏蔽层和 20mm 的绕包纸，其余剥除，在三相上分别包一层聚四氟乙烯带作为保护，统包纸外包 6～7 层聚四氟乙烯带。

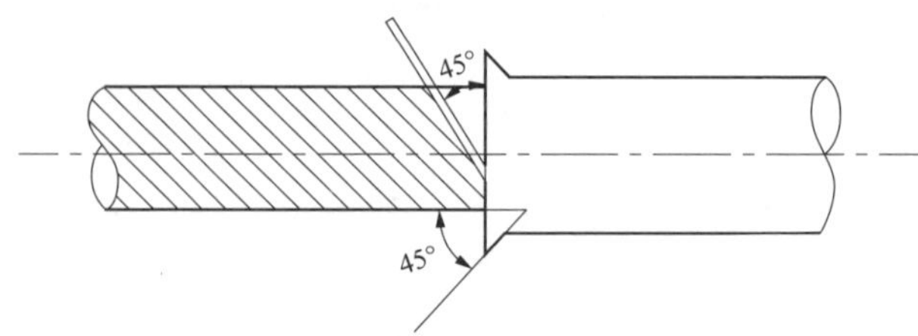

图 3-27　铅包口涨铅示意图

（6）将红色隔油绝缘管套入电缆三芯分叉根部用小火进行收缩。

（7）交联端留 150mm 内护套其余剥除，自接头中心向后量 180mm，除去端部铜屏蔽层。

（8）自接头中心向后量 160mm，剥除半导体层，不得损伤主绝缘，剥切尺寸如图 3-28 所示。

（9）将接地的三根铜编织地线在端口 100mm 处内各放入一长×宽为 25mm×40mm 的黑色密封胶，用恒力弹簧将三根铜编织地线分别缠绕在电缆铜屏蔽层根部上。

（10）在内护套口 75mm 一段包一层红色密封胶，将三根铜屏蔽编织地线拉平，在内护套根部用铜绑线扎紧三圈。

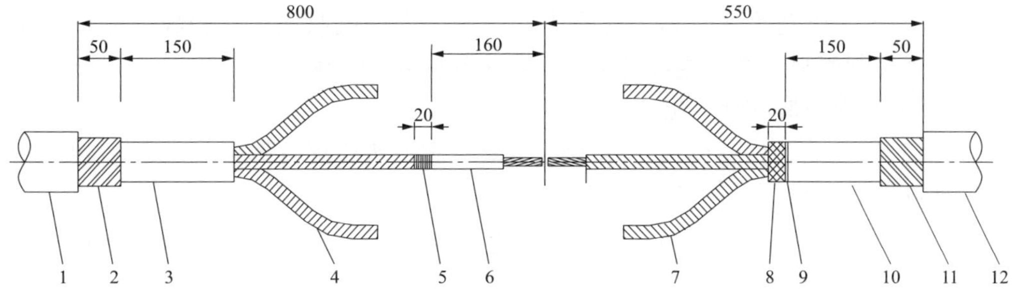

图 3-28　油纸-交联过渡接头剥切尺寸

1—交联电缆外护套；2—钢铠；3—内护套；4—铜屏蔽；5—半导电层；6—绝缘层；7—分相绝缘纸；8—统包绝缘纸；9—半导电纸；10—铅包；11—钢铠；12—油浸纸电缆外护套

（11）将绝缘表面存在的轻微划痕、半导电残留用细砂带（通常用 400 目）打磨去除（严重划痕应重新制作），并用清洗剂纸（布）从端部一次性清洗，不得来回擦洗。

（12）在 20mm 半导体层切口处用黄色应力控制胶条包缠在主绝缘上 10mm，半导体层上 10mm。

（13）将红色高压加强管分别套入每根线芯上，从分叉处开始向上收缩。

（14）电缆套入分支手套，尽量推进电缆分叉处，从中间向两侧收缩。

（15）套连接管前先将红色绝缘管和黑色应力控制管分别套入电缆长端线芯上。

（16）按连接管孔深加 5mm 去除两端主绝缘，将连接管套入三芯上进行压接，压接宽度不小于连接管外径的 1.5 倍，打光连接管并清洗干净。

（17）将黄色填充胶卷成适当小圈，然后包缠在连接管外，两侧包在红色管上 5mm，包缠厚度比连接管直径应略大一些，如图 3-29 所示。

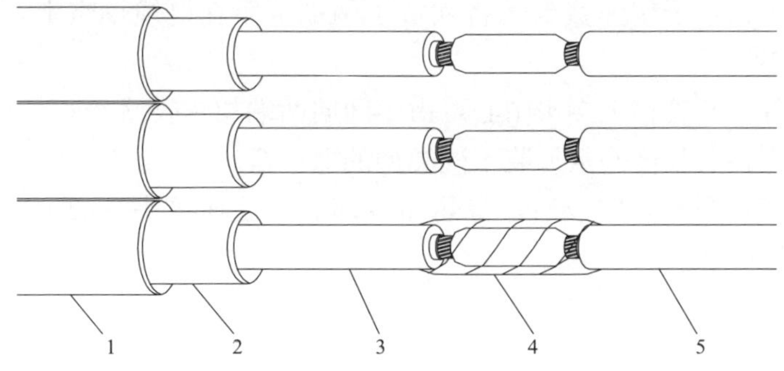

图 3-29　油纸-交联过渡接头连接管包绕图

1—黑色应力控制管；2—红色绝缘管；3—红色高压加强管；4—黄色填充胶；5—红色隔油绝缘管

（18）先将红色绝缘管移至接头中心由中间向两端收缩，三相收缩完毕再将黑色应力控制管移至红色绝缘管中心，从中间向两端收缩。

（19）将白色胶塞插入纸绝缘三芯根部。

（20）将三叉分相胶放入三相中间捏紧三芯，然后再将黑色鸡心胶填在三相之间填满所有空隙。

（21）在红色绝缘管口两端包一圈黑色密封胶带，然后再用半重叠方式从分支手套铸模线至鸡心胶末端包成一个顺滑外形。

（22）距分支手套铸模线 75mm 处包一层红色密封胶带至黑色密封胶带上 15mm。

（23）用白布电工胶布在接头中间两边包三圈扎紧三芯，并在接头上涂抹一层脂膏。

（24）将内护套管移至接头中心，从中间向两端收缩。

（25）用半重叠方式将铜丝网从交联侧钢带端口包至纸绝缘钢带端。

（26）在油纸侧用恒力弹簧将铜编织地线固定在电缆铅包上，在恒力弹簧外包一层黑色密封胶带，如图 3-30 所示。

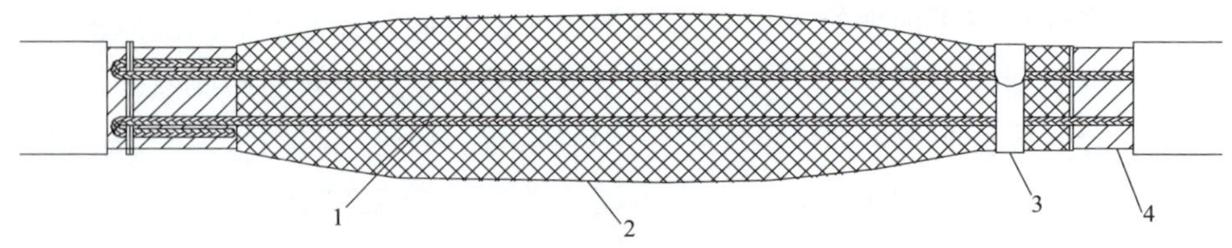

图 3-30　铜丝网及铜编织地线安装

1—铜编织地线；2—铜丝网；3—恒力弹簧；4—钢铠

（27）安装铁帘子用弹簧卡子将铁帘子两端卡牢在电缆钢带上，在外面包一层黑色密封胶带。

（28）将外护套管移至接头中心，由中间向两端加热收缩。

（29）根据接头长度确定加装不同类型的保护盒。

（30）中间接头安装完成后，待热缩冷却后，放在接头托架上，接头托架与隧道支架或地面固定。

三、工具材料

（1）主要设备及器具（以 1 只电缆中间接头为例）如表 3-15。

表 3-15　　油纸-交联过渡接头安装主要设备及器具

序号	名称	单位	数量	备注
1	接头材料	套	1	
2	断线剪	把	1	
3	电锯	把	1	
4	壁纸刀	把	1	
5	钢板尺	套	1	
6	盒尺	个	2	
7	温湿度计	个	1	
8	活扳手	把	1	
9	力矩扳手	套	1	
10	螺钉旋具	套	1	
11	电源箱	台	1	
12	手锯	把	1	
13	尖嘴钳	把	1	
14	克丝钳	把	1	
15	电工刀	把	1	
16	手电筒	把	1	
17	照明灯	个	2	
18	压钳	把	1	
19	压模	套	1	
20	接头托架	个	1	
21	平板锉	把	1	
22	煤气罐	个	1	

（2）施工用的主要材料如表 3-16 所示。

表 3-16　　油纸-交联过渡接头安装主要材料

序号	名称	单位	数量	备注
1	清洁巾	张	按需	
2	记号笔	个	1	
3	电源线	m	50	
4	医用手套	副	2	
5	保鲜膜	卷	1	
6	铁线	m	50	
7	PVC 胶粘带	卷	5	
8	砂纸	张	5	

第四章

10kV电力电缆附件故障分析典型案例

第一节　10kV 电缆线路的故障特点与对策

随着社会经济的快速发展，北京市的城市化水平进一步提高，10kV 电缆线路将成为公用配电线路的主体，本节将以北京地区为例，浅谈 10kV 电缆线路的故障特点与对策。至 2016 年，北京地区 10kV 公用电缆线路长度已大比例超出架空线路的长度，达到 25 000 余千米。与架空线路相比，电缆线路具有公共空间占用少、环境更协调、通道电力输送容量大、运行受环境影响小等优点，各类型重要用户、新建居民小区主要采用电缆线路供电方式，现有架空线逐步实施电缆化改造。因此，电缆线路的安全稳定运行是配电网安全运行的重要方面，是各类型重要客户及千家万户安全用电的重要前提。

从北京地区公用电缆线路运行情况看，电缆线路故障基本具有“3 个 60%”的统计特点：用户资产电缆故障占区域内全部电缆线路故障的 60%；外力破坏占公用电缆（非用户资产电缆）故障的 60%；电缆接头和电缆终端故障占公用电缆线路本体类故障（除去外力破坏）的 60%。多年来，为了保障电缆线路的安全稳定运行，针对“3 个 60%”，国网北京市电力公司采取了各种针对性措施。

对于用户资产电缆故障占域内全部电缆线路故障的 60%，一是加强优质服务，全流程协助用户建好、管好、用好自有电缆线路，降低故障发生；二是在资产分界处安装故障自动隔离开关，减少用户故障对公用电网暨其他用户的不利影响；三是对故障后的处置进行必要的管控，在用户自身电缆发生故障且未找到原因之前，暂不送电，直至协助用户找出原因并进行有效隔离，避免故障点未隔离送达导致发生二次故障，给彼此及其他用户带来更大损失和不良影响。

对于外力破坏占公用电缆（非用户资产电缆）故障的 60%，一是提高公用电缆自身防护能力，更多采取隧道、管井敷设方式，直埋敷设时同步埋设保护管、保护盖板；二是提高外部对直埋敷设电缆的感知水平，在直埋电缆线路沿线埋设成系列标准化的标识牌，硬化路面采用地贴，绿化地采用单立柱或双立柱警示牌，沿墙根敷设的墙面采用警示牌，随直埋电缆敷设埋设警示带，各类标识牌都有提示警示用语和联系电话，该类措施有效提示直埋电缆的存在，避免外部人员在不知情的情况下进行工程施工，破坏直埋电缆；三是做好线路及通道巡视维护，及时发现在电缆线路或通道沿线的作业施工，与施工作业单位对接，采取各类管理及技术手段，共同做好电缆线路及通道的保护工作，避免彼此损失及连带的不良社会影响。

对于电缆接头和终端故障占公用电缆线路本体类故障（除去用户资产电缆和外力破坏）的60%，一是提高自身管理和运行水平，加强工程建设物资的到货质量检测，严格控制不合格电缆及电缆附件进入电网；二是加强工程建设质量管理，强化对电缆接头和终端制作的质量管控和试验验收，颁行电缆接头管理制度，将电缆接头和终端作为设备实行全寿命周期管理；三是提高对在运电缆和电缆附件的运维水平，积极探索并推广应用OWTS局部放电试验、超低频介质损耗老化试验等先进实用的检测技术，及时发现并处置电缆和电缆附件的运行缺陷；四是重视对电缆和电缆附件故障的原因分析，通过对故障电缆和电缆附件的解剖分析，找出存在的问题并针对性地采取管理和技术措施。

通过采取前述综合措施，北京地区公用配电电缆线路的安全运行水平得到大幅提升，但和北京首都的经济社会地位相比，和首善之区对电力安全稳定供应的需求相比，和广大客户及居民用户对电力安全稳定供应的需求相比，域内配电电缆线路的安全运行水平仍需要进一步提高。通过采取前述综合措施，尤其是通过对故障电缆附件的解体分析，发现一个非常典型的问题，这就是电缆接头和终端的安装质量不良是导致电缆接头和终端故障的主要原因，是一个长期存在的痛点、出血点，亟须予以改善。在电力建设工程市场化运行的情况下，在域内有几百家企业从事电力建设施工、几千名人员从事电缆附件安装的情况下，如何提高电缆附件的现场安装制作水平，保障电缆线路的安全运行，这不仅需要国网北京市电力公司自身加强努力，也要依赖各施工企业加强管理，最终需要依赖各位电缆附件现场安装作业人员做出努力。当然，必要的外部支持也是必不可少的。只有这样，多方努力，相向而行，才能共同营造一个双赢、多赢的良好局面，既保障好业务直接各方的利益，也保障好域内各个电力客户的利益，进而共同创造出最大的社会利益。

本章典型案例来源于国网北京市电力公司近年来10kV电缆附件实际发生的质量问题。希望各位读者通过本章内容可更好地了解域内电缆线路及电缆附件安装、运行等总体情况，对电缆附件合格安装的意义有更深刻的认识。

第二节　10kV电缆附件常见施工质量问题概述

电缆中间接头和电缆终端通常在敷设现场由安装人员现场完成，与电缆本体由电缆厂家在良好环境下实施可控生产相比，电缆附件一直是电缆线路的薄弱环节。另外，由于电缆附件安装人员的水平不一，或者安装随意，电缆附件安装经常存在质量问题，主要表现在以下几个方面。

（一）防水密封不良

电缆附件防水密封不良是引发故障的主要原因之一，尤其在电缆中间接头安装方面更加明显。

（1）中间接头绝缘主体端部防水密封不良。安装工艺要求从电缆外半导电层上开始，搭接约30mm（具体按工艺尺寸要求）半重叠绕包3层防水带至接头绝缘主体上，并搭接30mm。在接头绝缘主体端部密封处理时常出现搭接尺寸不满足要求、黏结不紧密、带材缠绕顺序错误等问题，从而导致水分从端部进入绝缘主体内部，引起接头绝缘受潮劣化。

（2）内护套端部防水密封不良。安装工艺要求从一端铠装断口（内护套上）开始将防水带拉长至1.5倍，以半搭叠方式绕包至另一端铠装断口（内护套上），防水带胶黏层应紧贴电缆内护套。内护套端部防水密封对施工人员技术水平要求较高，防水带材的拉伸长度、半搭叠绕包质量以及内护套端部搭接尺寸均会对内护套端部防水密封效果产生较大影响，也是内护套端部密封不良的常见问题，造成水分沿着内护套端部进入接头内部。

（二）安装尺寸错误

不同厂家电缆附件的结构尺寸可能存在差异，现场安装必须按照附件生产厂家的安装工艺要求控制各部尺寸，严格按要求控制铠装、护套、绝缘、半导电、导体等各结构层的剥削尺寸，不得超过偏差范围，否则可能导致电缆附件试验不合格或投运后发生故障。

（1）外半导电层尺寸控制。外半导电层剥切过长或过短都会影响应力锥和半导电层断口搭接位置，尺寸超过偏差会造成电场分布不符合厂家设计，尺寸偏差严重的话会导致安装后应力锥错位，错开部位既没有半导电层也没有应力锥，该部位的电场将严重畸变，在运行中必定会发生故障。

（2）电缆绝缘剥削尺寸控制。电缆绝缘剥切过长造成导体压接管与电缆绝缘断口间存在超出标准的空气间隙，易发生局部放电现象。

（3）应力锥安装尺寸控制。未严格按照安装工艺尺寸要求做好定位标记，接头绝缘主体安装时造成应力锥错位，应力锥没有与电缆外半导电层断口进行有效搭接，从而失去电场屏蔽作用。与外半导电层尺寸控制不良的后果相同。

（三）外半导电层处理错误

电缆外半导电层处理时，常出现的问题如下：

（1）电缆外半导电层断口处理不圆整，断口呈锯齿形、存在尖角。

（2）电缆外半导电层断口未做斜坡处理。

（3）电缆外半导电层环向和纵向剥削时伤及电缆主绝缘。

电缆外半导电层处理错误典型照片如图 4-1 所示。

（a）　（b）　（c）　（d）

图 4-1　电缆外半导电层处理错误典型照片

（a）外半导电层断口不规整；（b）外半导电层断口存在尖端；（c）外半导电层断口处理，环向切伤绝缘；（d）外半导电层处理纵向切伤绝缘

（四）电缆绝缘层处理错误

电缆绝缘层处理时，常出现的问题如下：

（1）电缆绝缘断口未去除绝缘端部的尖角，绝缘断口不圆滑。

（2）电缆绝缘表面存在半导电层粉尘、杂质，擦拭不干净。

（3）电缆绝缘表面存在划痕，未有效处理。

（4）绝缘表面打磨粗糙。

电缆绝缘层处理错误典型照片如图 4-2 所示。

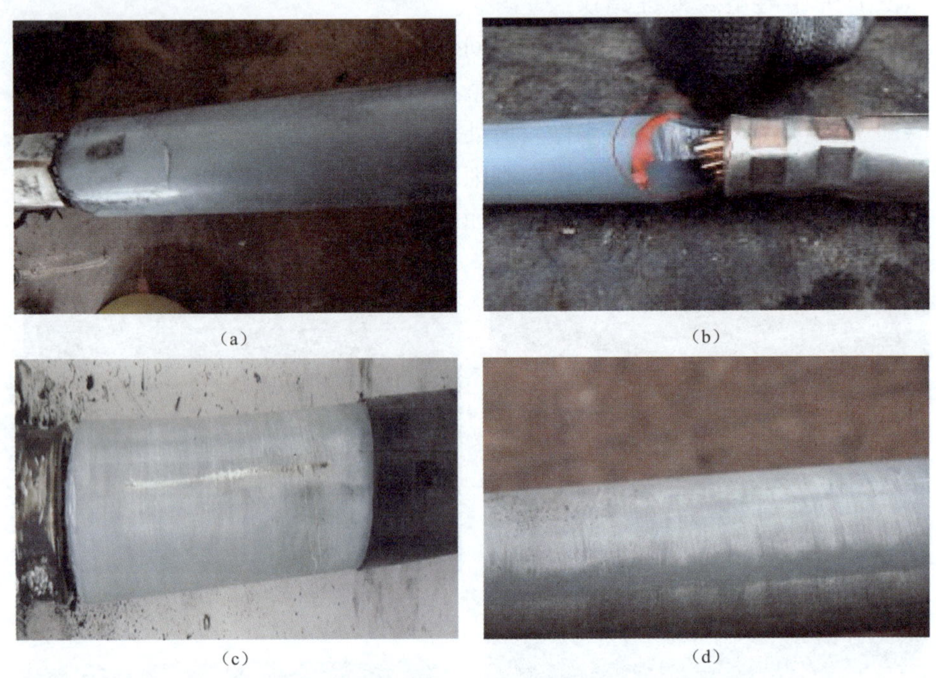

（a） （b）

（c） （d）

图 4-2　电缆绝缘层处理错误典型照片

（a）绝缘表面割伤；（b）绝缘断口不圆滑；（c）划痕未有效处理；（d）绝缘表面粗糙

（五）导体压接处理问题

导体压接处理时常见的问题如下：

（1）选用与电缆截面不配套的压接模具，导致压接过头或压接不实。

（2）导体压接后，压接管棱角未打磨，局部有尖角、毛刺。

（3）压接钳使用不正确，伤及导体线芯。

导体压接处理问题典型照片如图 4-3 所示。

(a)

(b)

图 4-3　导体压接处理问题典型照片

(a) 压接不实，导体抽出；(b) 压钳伤及导体线芯

第三节　10kV 电缆附件故障与异常典型案例

【案例一】 防水密封处理不良造成 10kV 电缆中间接头故障

1. 故障概述

2013 年 10 月 11 日 23 时 25 分，某 10kV 电缆线路零序电流过电流保护动作跳闸，故障点位于距离变电站约 2km 处的管井中，为电缆中间接头故障，故障电缆中间接头于 2012 年 5 月投运。

2. 解体检查

(1) 电缆内护套端部防水密封检查。解体检查发现电缆的金属铠装有明显受潮锈蚀痕迹，如图 4-4 (a) 所示，表明电缆的外护套存在破损点。防水带材与电缆内护套搭接界面存在水迹，如图 4-4 (b) 圆圈处所示，表明水分已沿此进入接头内部，经测量防水带材与电缆内护套搭接长度为 20mm，不满足安装工艺不小于 50mm 距离要求。

(2) 中间接头绝缘主体端部防水检查。中间接头绝缘主体端部防水带材内侧表面存在水迹，如图 4-5 圆圈处所示，采用万用表测量内侧带材为半导电带材(不具有防水功能)，外侧带材为防水带材 (绝缘材质)。安装工艺要求绝缘主体端部防水密封时应先缠绕一层防水带材，再缠绕一层半导电带材，由此可知带材缠绕顺序存在错误，未起到绝缘主体端部密封效果，不满足工艺要求。

(3) 中间接头绝缘主体内部检查。故障中间接头的绝缘主体和电缆主绝缘表面有明显的进水导致的沿面爬电痕迹，如图 4-6 所示。

(a)

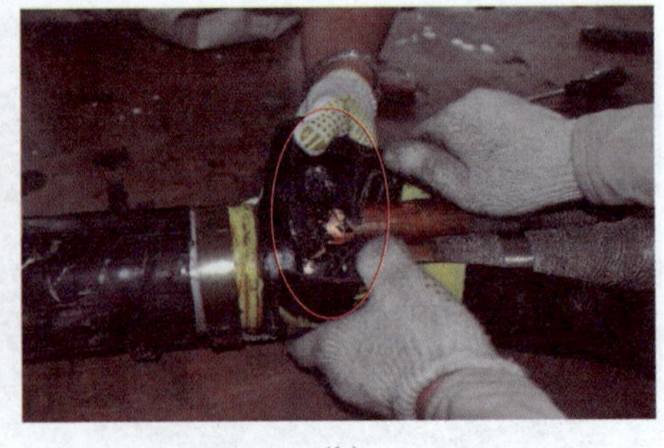
(b)

图 4-4　电缆内护套端部防水密封检查

(a) 金属铠装锈蚀；(b) 搭接界面存在水迹

图 4-5　绝缘主体端部防水带材内侧表面存在水迹

(a)

(b)

图 4-6　故障相绝缘主体内部检查

(a) 故障相电缆主绝缘爬电特写；(b) 故障相绝缘主体内部爬电特写

通过对非故障相中间接头的绝缘主体进行解体检查，可见其内部存在爬电痕迹，电缆绝缘表面存在水迹和爬电痕迹，如图 4-7 所示。

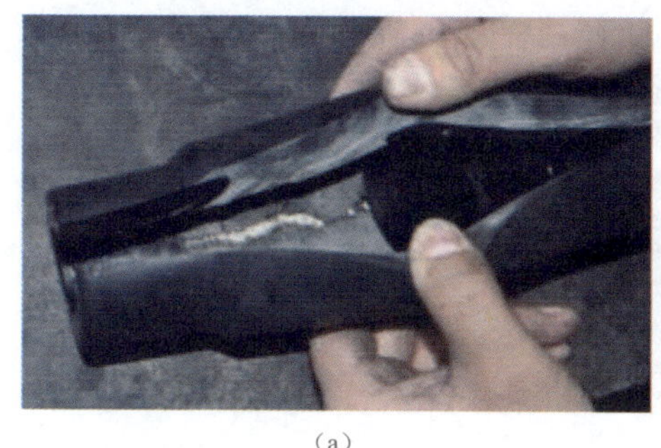
(a)

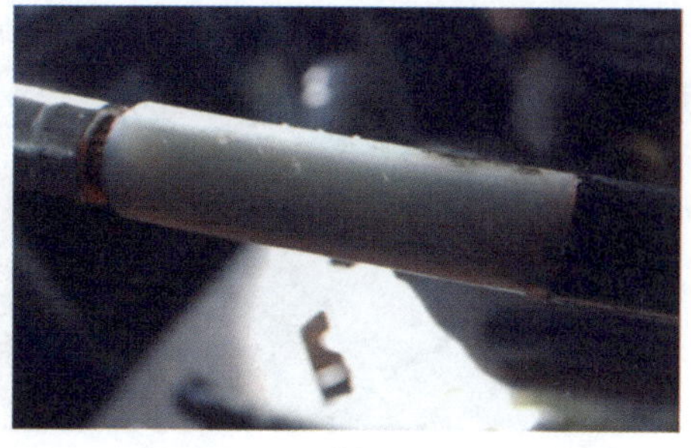
(b)

图 4-7　非故障相绝缘主体内部检查

(a) 非故障相绝缘主体内部爬电特写；(b) 非故障相电缆主绝缘爬电特写

3. 故障原因分析

通过上述解体分析可知，本次故障中间接头故障原因为典型的防水密封工艺处理不符合工艺所造成。防水密封存在的问题如下：

(1) 防水带材与电缆内护套搭接长度不满足工艺要求，导致水分从电缆内护套端部进入接头内部。

(2) 电缆接头的绝缘主体端部带材缠绕顺序错误，先缠绕了不具有防水功能的半导电带，后缠绕防水带材，导致绝缘主体端部防水密封效果不良，水分进入绝缘主体内部，造成电缆绝缘表面产生沿面爬电，从而引发故障。

【案例二】 过度弯曲造成 10kV 电缆中间接头故障

1. 故障概述

2015 年 11 月 7 日，某 10kV 电缆线路零序电流过电流保护动作跳闸，经查为电缆中间接头击穿故障，故障电缆中间接头位于管井，2013 年 6 月投入运行。

2. 解体检查

(1) 外观检查。故障电缆中间接头整体外观如图 4-8 所示，中间接头整体外形呈弯曲状态，且弯曲弧度较大，按照工艺要求电缆中间接头安装完成后应保持平直，不满足安装工艺要求。

图 4-8　故障电缆中间接头整体外观

（2）故障相绝缘主体外观检查。故障相绝缘主体存在明显弯曲，在弯曲弧度最大处发生径向击穿，如 4-9 所示。

图 4-9　故障绝缘主体击穿

（3）电缆外观检查。三相电缆均存在不同程度弯曲状况，且故障相弯曲程度最大，故障点位于导体压接管端部，如图 4-10 所示。

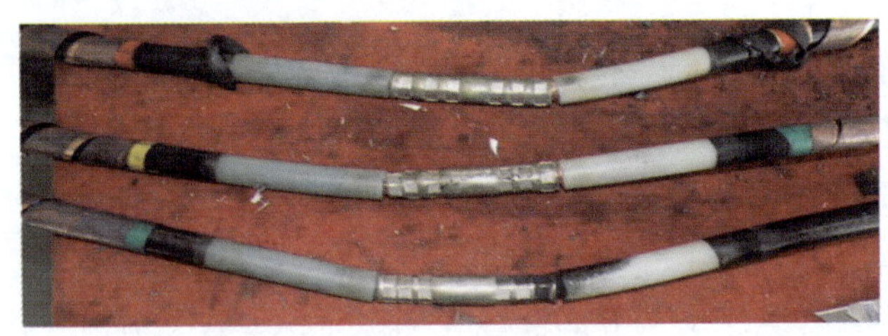

图 4-10　三相电缆弯曲状况

3. 故障原因分析

从解体情况来看，三相中间接头均存在较大程度弯曲状况，且故障相弯曲程度最大，不满足安装工艺要求，其他安装质量未见异常。分析本次中间接头故障原因为：由于电缆中间接头存在过度弯曲状况，导致电缆本体与接头的绝缘主体之间抱紧力不够，两者之间存在较大气隙，从而导致交界面绝缘强度下降，最终导致发生径向击穿。

【案例三】 应力锥安装错位造成电缆中间接头故障

1. 故障概述

2013 年 7 月 3 日 11 点 25 分，某 10kV 电缆线路电流速断保护动作跳闸，经查为隧道电缆中间接头击穿故障，故障电缆于 2011 年 12 月投运。

2. 解体检查

故障电缆中间接头的三相绝缘主体在端部发生径向击穿，如图 4-11 圆圈处所示。

击穿点位于电缆外半导电层断口部位，如图 4-12 所示。中间接头的绝缘主体存在明显的安装错位现象，不满足工艺要求，按照安装工艺要求，绝缘主体的应力锥应覆盖电缆外半导电层断口。经检查电缆外半导电层剥削尺寸符合要求，造成应力锥错位的原因为：未严格按照工艺尺寸要求量取定位尺寸，造成绝缘主体安装尺寸错位，从而导致应力锥错位。

图 4-11　三相绝缘主体在端部发生径向击穿

图 4-12　应力锥错位

3. 故障原因分析

本次电缆中间接头故障原因为：施工人员未按照安装工艺要求进行安装，电缆本体外半导电层剥除长度过长，造成预制冷缩接头应力锥安装错位，使应力锥失去均匀电缆接头部位电场的作用，从而引发预制冷缩接头应力锥部位的径向击穿。

在剥削电缆外半导电层时，其断口部位会产生电场畸变，通过绝缘主体应力锥覆盖电缆外半导电层断口，促使电缆外半导电层断口附近电场均匀。本次故障中由于绝缘主体安装尺寸错误，造成应力锥错位，应力锥未起到电场均匀作用，从而导致在外半导电层断口处发生击穿。

【案例四】　主绝缘割伤造成 10kV 电缆中间接头故障

1. 故障概述

2014 年 3 月 21 日 19 时 53 分，某 10kV 电缆线路零序一段保护跳闸，经检查为隧道内电缆中间接头故障，故障电缆中间接头于 2008 年 3 月 5 日投运。

2. 解体检查

（1）故障相绝缘主体检查。中间接头的绝缘主体发生径向击穿，剖开绝缘主体后可见明显击穿孔，如图 4-13 所示，与击穿孔相连可见一条长 6cm 左右较深的纵向刀伤，刀伤深度约 0.2mm，刀伤末端即为故障击穿位置，按照安装工艺要求电缆绝缘存在严重划痕或者割伤情况下，禁止下一步安装工作，不符合工艺要求。

（2）非故障相绝缘主体检查。剥离另一非故障相绝缘主体，如图 4-14 所示，可见电缆绝缘表面同样存在较长的纵向刀伤，沿着刀伤存在细微放电痕迹。

(a)

(b)

图 4-13　电缆接头主绝缘击穿孔及划伤

(a) 主绝缘划伤情况；(b) 主绝缘划伤细节

3. 故障原因分析

本次电缆中间接头故障原因为：安装人员技能水平有限，在纵向剥离电缆外半导电层时造成电缆绝缘严重损伤，由于安全意识淡薄，在电缆绝缘表面产生严重刀伤情况下，违规继续安装中间接头的绝缘主体，从而造成故障的发生。

【案例五】 主绝缘割伤造成电缆终端故障

1. 故障概述

2015 年 6 月 3 日 05 时 15 分，某 10kV 电缆线路零序电流速断保护动作跳闸，经查该路电缆末端环网柜内电缆终端发生故障，故障电缆终端于 2008 年投运。

2. 解体检查

(1) 外观检查。故障电缆终端径向击穿点如图 4-15 所示。

图 4-14　非故障相主绝缘划痕情况

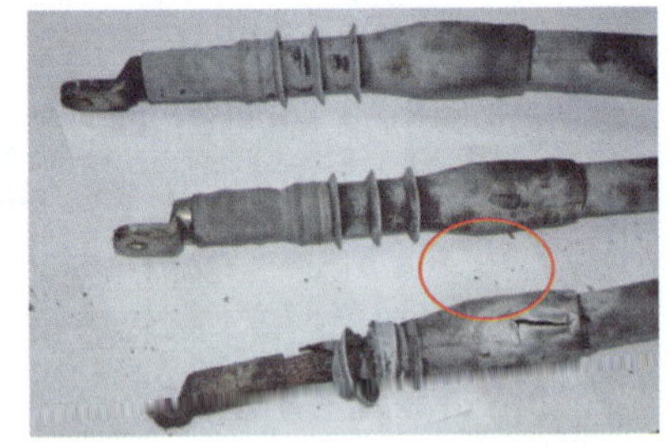

图 4-15　故障电缆终端外观检查

(2) 电缆本体检查。电缆本体击穿孔直径约 9mm，击穿孔位于电缆外半导电层断口部位，击穿孔处电缆主绝缘有一圈规整的环形烧蚀沟槽，沟槽呈 360°圆周状，宽约 2mm、深约 2mm，如图 4-16 所图示。

3. 故障原因分析

通过对故障电缆终端的解体分析，击穿点位于外半导电层断口处，结合击穿点处有规整的环形沟槽现象，可知安装人员在用环切剥离电缆外半导电层时，由于技能水平有限造成电缆绝缘产生严重环向刀伤，违规继续安装绝缘主体，从而造成故障的发生。

【案例六】 接线端子接触不实造成肘型电缆终端故障

1. 故障概述

2015 年 6 月 15 日 22 时 58 分，某 10kV 电缆线路零序一段保护动作跳闸，无重合闸，经运维人员检查发现故障为分界室一路环网柜 1-2 间隔 B 相肘型电缆终端故障，故障电缆终端于 2013 年 6 月投运。

2. 解体检查

（1）现场检查。从烧蚀情况来看，环网柜 1-2 间隔 B 相肘型电缆终端烧蚀最为严重，终端导体压线处绝缘已全部烧蚀，压接螺钉对环网柜顶板放电，现场测量肘型电缆终端距顶板距离约为 11cm；B、C 两相肘型电缆终端同样在压线处烧蚀严重，如图 4-17 所示。

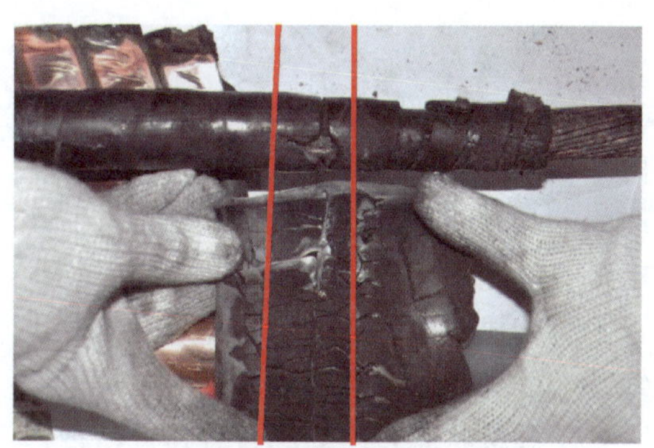

图 4-16　电缆击穿孔与环状烧蚀

图 4-17　三相电缆肘型终端烧蚀情况

（2）肘型电缆终端解体检查。随后对各间隔电缆终端进行拆卸工作，在拆卸过程中发现 1-2 间隔电缆终端 B 相导体压线螺钉未紧固到位，发现其一直处于虚接状态，如图 4-18（a）所示，可见其压线螺钉仅紧固至一半的位置，螺钉垫片未与电缆终端导体接触到位；拆卸过程中未见 A 相及 C 相螺钉存在紧固问题；B 相与 A 相终端压线处烧蚀情况对比如图 4-18（b）所示。

B 相电缆终端内部应力锥完好，电缆主绝缘表面仅为熏黑现象，如图 4-19 所示。

(a)

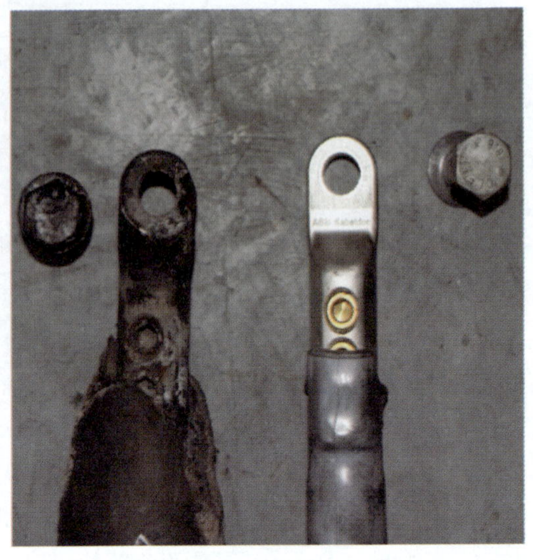

(b)

图 4-18 电缆终端 B 相导体压线螺丝未紧固到位

(a) B 相接线端子烧蚀；(b) B 相接线端子与 A 相接线端子对比

图 4-19 B 相电缆终端解体整体情况

3. 故障原因分析

本次故障的放电通道为肘型电缆终端内部导体对环网柜顶板之间放电，肘型电缆终端与顶板间距为 11cm，经测量肘型电缆终端绝缘厚度约为 1.8cm，正常情况下不应构成放电通道。从解体来看 B 相电缆终端的导体压线螺钉未紧固到位，其一直处于虚接状态，因此综合分析此次故障原因为：因螺钉垫片未与电缆终端导体接触到位，运行状态中该处一直处于虚接状态，造成压线处发热，长时间积聚的高温将电缆终端护套烧熔，绝缘破坏后 B 相电缆终端与柜体顶板发生放电。

【案例七】 不按厂家规定工艺施工导致油纸绝缘电缆接头故障

1. 故障概述

2011 年 2 月 16 日 08 时 11 分，某变电站 247 断路器所带电缆线路过电流动作掉闸，电缆检修人员到现场进行故障测寻，并对电缆进行充放电定点后找到故障接头。故障接头为交纸对接头，交联侧电缆为 YJY_{22}-3×300mm^2，油纸侧电缆为 ZQD_{22}-3×240mm^2，交纸对接头于 2010 年 5 月 16 日安装后投产发电，运行时间 9 个月。

2. 解体检查

电缆接头基本保持原有外形，在油纸电缆侧有明显弯曲，接头靠近纸绝缘一侧可见明显击穿破口，透过破口可见内部线芯，如图 4-20 所示。

解体时发现油纸电缆一侧三芯分叉的处理方式为使用三芯分支指套（终端用），并对三指套内进行灌胶的工艺方式，此工艺严重违反厂家的安装工艺要求，如图 4-21 所示。原安装工艺要求为：在统包绝缘上半重叠绕包四层 23 号胶带，切除 23 号胶带前端的统包绝缘纸，半重叠绕包两层 23 号胶带于主绝缘上，用 23 号胶带填充好油纸绝缘电缆侧三相分叉口。

图 4-20　故障接头外观

图 4-21　违反工艺随意使用替代材料安装

剥除纸绝缘电缆的三指套，见两相线芯绝缘击穿，金属导体烧蚀成孔，烧蚀孔距涨铅口 9cm，如图 4-22 所示。

根据测量，纸绝缘一侧的 401 号胶带边缘距离交联绝缘一侧的 13 号胶带边缘，两边缘最近处距离为 45mm，如图 4-23 所示（图上两红线之间的距离），安装工艺要求两者之间距离不大于 10mm。另外，交联聚乙烯主绝缘断口和压接管的间距约 47mm，明显违反安装工艺要求。

图 4-22　三芯分叉根部相间故障

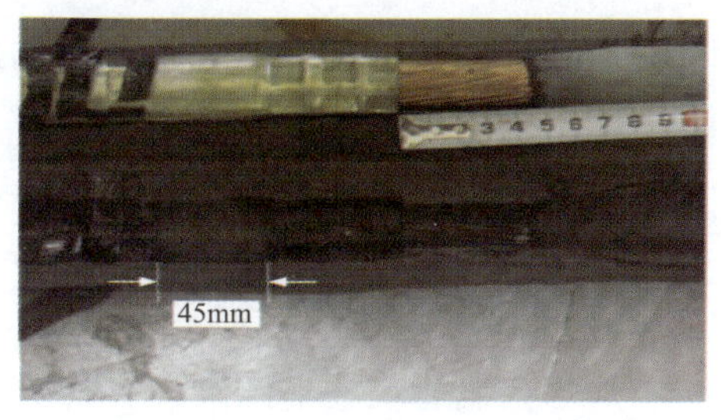

图 4-23　多处违反安装工艺要求

3. 故障原因分析

对多部件的安装位置及尺寸进行测量及核查，结果表明都不满足安装工艺文件要求；在关键位置，例如纸绝缘电缆三芯分叉的处理工艺严重违反安装工艺要求；外护套防水处理没有按要求进行打磨，涨铅口没有处理光滑等。根据以上分析，安装人员没有按照厂家规定的安装工艺进行接头安装，各部位的电场应力控制没有在厂家设计的应力控制下，致使电场应力集中，从而引发故障。

【案例八】 热缩电缆中间接头 OWTS 局部放电超标

1. 情况概述

2012 年 1 月，对某重点线路进行 OWTS 试验，发现该电缆线路某中间接头局部放电超标。该接头为热缩型中间接头，于 2008 年 1 月施工投产，运行时间约 4 年。

2. 解体检查

电缆接头保持原有外形，如图 4-24 所示。

破开应力锥，可见应力锥的应力控制管和复合绝缘管之间有分层现象，如图 4-25 所示。

图 4-24　局部放电超标电缆接头外观

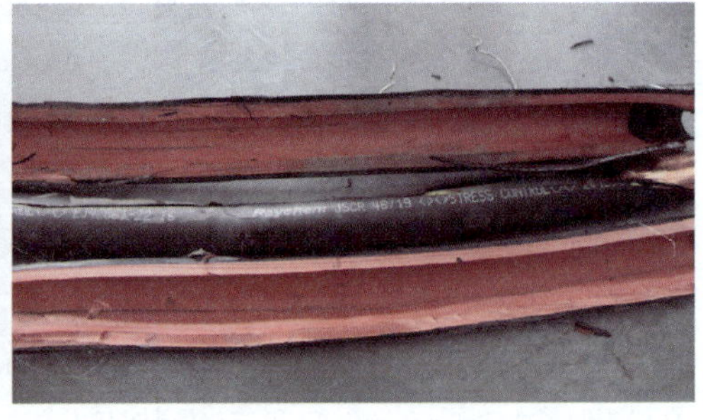

图 4-25　不同材料分层

应力控制管与复合绝缘管之间的红胶涂抹不均匀，基本没有起到密封作用，如图 4-26 所示。

剥开应力控制管，可见黄色的半导电胶基本未起到与应力控制管紧密衔接的作用。而且，在应力锥端部的黄胶有干涸老化迹象，如图 4-27 所示。

3. 局部放电超标原因分析

应力控制管收缩不到位，黄胶未完全融化，不能与应力控制管有效贴合，未起到较好的均匀电场的作用；复合绝缘管收缩不到位，导致应力控制管与复合绝缘管之间明显分层，在电场集中部位有空气间隙。上述原因最终导致局部放电超标。

图 4-26　密封红胶涂抹不均匀

图 4-27　半导电胶未与应力控制管衔接

【案例九】 电缆终端与开关柜连接不良故障

1. 故障概述

2012 年 11 月 10 日 16 时 26 分，某变电站 203 断路器掉闸，10kV 5 号母线停电，造成多条 10kV 线路停电，检查发现 235 开关柜内零序 TA 有烧蚀现象，判断为线路故障后保护拒动导致发生越级故障。

2. 现场检查

现场发现 235 开关柜内有融化物掉落在零序 TA 二次线上，导致二次线绝缘损坏短路，如图 4-28 所示。

235 开关柜内电缆终端端子外翘，与母排接触面积不够，电缆头（两边相）过热，电缆冷缩头绝缘部分融化，绝缘填充物滴落至底板二次线上，如图 4-29 所示。

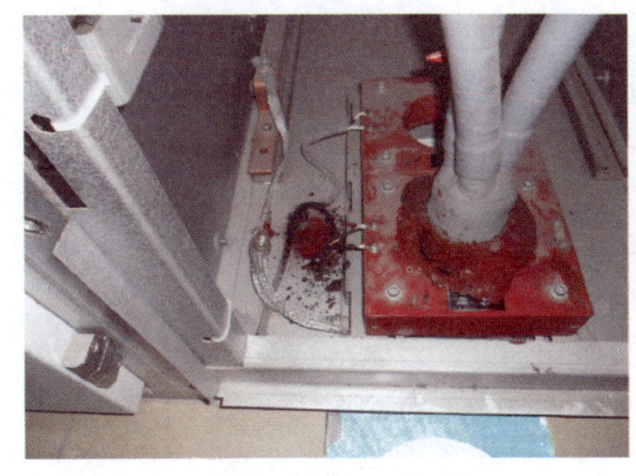

图 4-28　现场开关柜内情况

图 4-29　电缆终端端子外翘

拆下的螺栓、螺母、垫片均有过热现象，部分位置铜材融化，滴落的融化物导致 TA 二次线外皮烧损、短路，如图 4-30 所示。

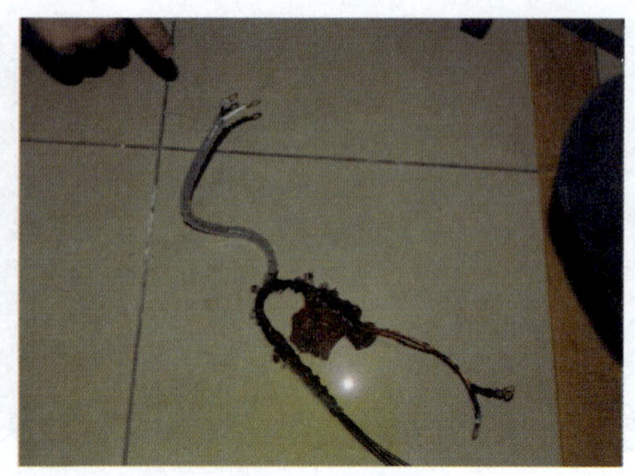

图 4-30　连接部件融化、TA 二次线烧蚀短路

3. 原因分析

235 开关柜发生金属性接地故障，开关柜内电缆头流过短路电流导致发热，熔化物掉落至下方的 TA 二次引线，造成二次引线绝缘烧毁进而短接，235 保护装置无法测量故障零序电流，导致保护越级，故障扩大。

电缆终端与开关柜连接不良原因：电缆接线端子不符合 GB/T 14315—2008 标准的尺寸要求，对照标准 ϕ16 开孔端子尺寸，该端子连接孔前端尺寸超出标准 6.5mm；电缆接线端子选用不当，与开关柜接线铜排不匹配，端子前端越过了接线铜排折弯处，使面接触变成了线接触；电缆终端安装违反技术要求，接线端子前端越过铜排折弯处压在铜排热塑套上、后端翘起未与铜排接触，未保证端子连接良好。以上原因最终导致故障的发生。

【案例十】 电缆终端故障毁坏开闭器

1. 故障概述

2011 年 1 月 27 日 15 时，某 10kV 混网线路 12F006 开闭器故障，经查为电缆终端 B 相烧毁，如图 4-31 所示。

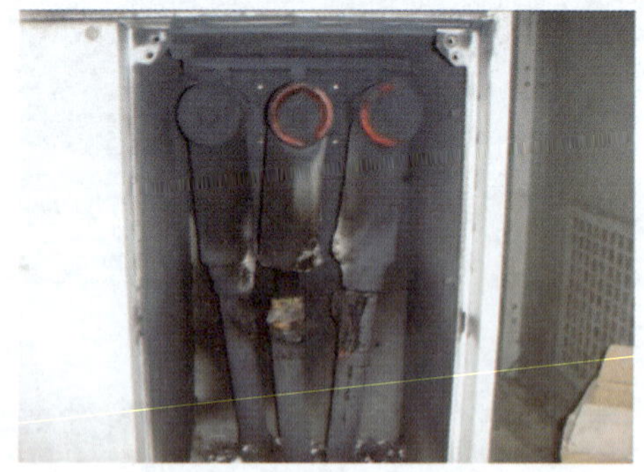

图 4-31　开闭器电缆终端故障

2. 解体分析

电缆终端故障B相已严重烧蚀，但电缆绝缘上因长期放电烧蚀的通道明显，如图4-32所示。

对非故障相进行检查，发现电缆终端安装制作存在严重质量问题，电缆绝缘被严重割伤，如图4-33所示。

图4-32 故障相绝缘放电烧蚀通道

图4-33 非故障相电缆绝缘严重割伤

3. 原因分析

电缆终端安装制作工艺粗糙、随意，多处伤及主绝缘、最终导致电缆终端发生故障，同时烧毁开闭器。

【案例十一】 冷缩中间接头OWTS局部放电超标

1. 故障概述

2011年1月，某10kV电缆线路进行OWTS局部放电例行试验，发现某电缆中间接头局部放电超标，局部放电值为2500pC，属于危急缺陷，需要立即更换中间接头。该接头为冷缩型中间接头，于2009年6月施工投产，运行时间不足2年。

2. 解体分析

电缆接头保持原有外形，接头全长2.3m，如图4-34所示。

在统包电缆的内护套层可见防水胶带拆除后剩下的红色密封胶。按照工艺要求，红色密封胶应覆盖内护套层5cm。解体时观察红色密封胶覆盖内护套为4cm，不满足安装工艺要求，如图4-35所示。

拆除铜网及恒力弹簧，拆掉各相应力锥两头密封胶带，明显可见电缆的外半导电层存在缺口，缺口最凹处距离端口2mm，如图4-36所示。

3. 原因分析

基于上述解体检查情况，分析存在如下问题：

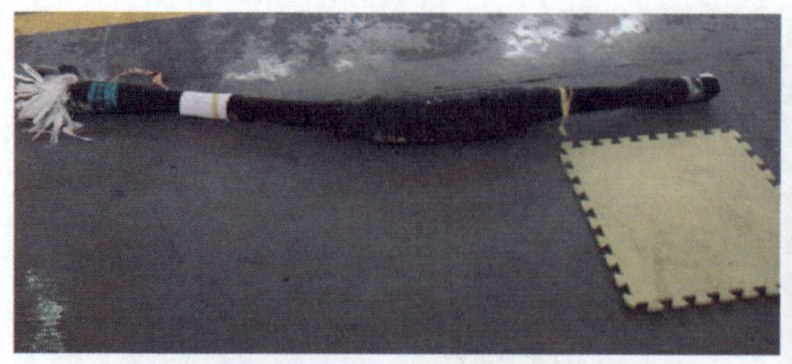

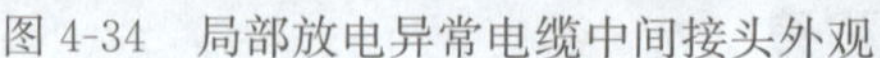

图 4-34　局部放电异常电缆中间接头外观

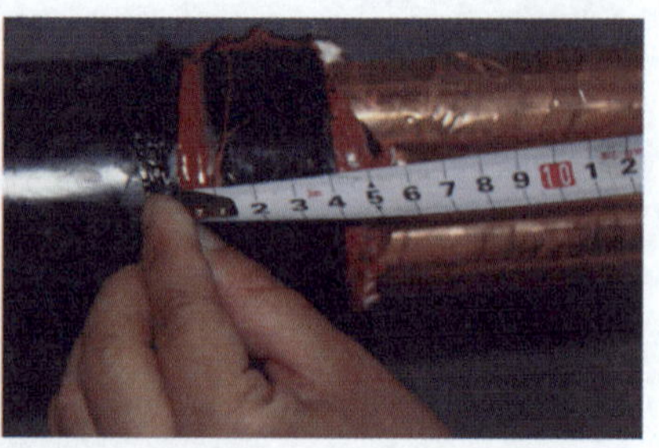

图 4-35　内护套防水检查

图 4-36　外半导电层断口不圆整、存在明显缺口

（1）分析此次 OWTS 局部放电测试超标的原因。电缆外半导电施工时有明显凹形缺口，造成外半导电层断口部位存在严重的电场畸变，是局部放电超标的重要原因。

（2）其他施工问题。未按照工艺尺寸要求进行内护套端部防水密封，密封搭接尺寸不满足要求。

附录A　10kV电缆接头现场安装关键作业程序拍照标准

在电缆附件安装作业过程中，一般均要求对关键作业程序拍照并存档。以《国网北京市电力公司10kV电缆接头制作管理规范》为参考，10kV电缆接头现场安装关键作业程序拍照标准如下：

一、电缆中间接头

1. 接头剥切尺寸（长端1张+短端1张）

时机：完成各层剥切工作，套上3相接管、尚未压接。

方法：用盒尺测量接头长端的外护套断口至接管中心尺寸为背景，拍照1张；用盒尺测量接头短端的外护套断口至接管中心尺寸为背景，拍照1张。

要求：照片应能清晰反映外护套断口、钢铠断口、内护套断口、铜屏蔽、半导电层断口、主绝缘断口、接管中心及两端对应盒尺位置信息（见图A.1、图A.2）。

图A.1　接头剥切尺寸（长端）

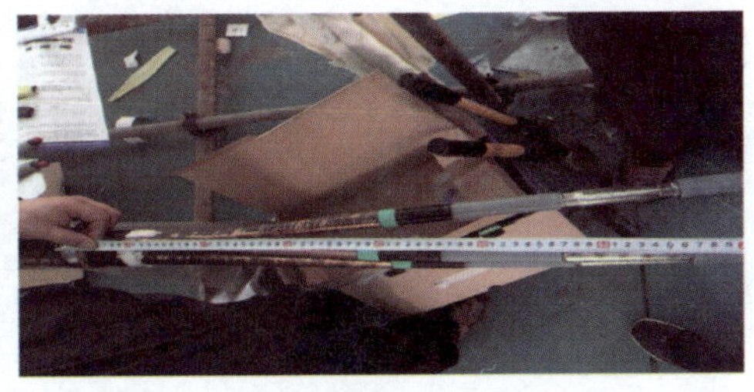

图A.2　接头剥切尺寸（短端）

2. 绝缘主体安装前的安装工艺（1张）

时机：完成3相接管压接及全部处置，准备安装绝缘主体。

方法：以盒尺测量接头两侧铜屏蔽之间的尺寸为背景拍照。

要求：照片应能清晰反映安装绝缘主体前的安装工艺情况，包括绝缘、半导电、连接管处置等（见图A.3）。

3. 绝缘主体安装状况（1张）

时机：安装完绝缘主体。

方法：保持电缆平直，在3相绝缘主体侧方中间位置拍照。

要求：照片应能清晰反映3相绝缘主体安装是否整齐以及防水材料缠绕是否规范（见图A.4）。

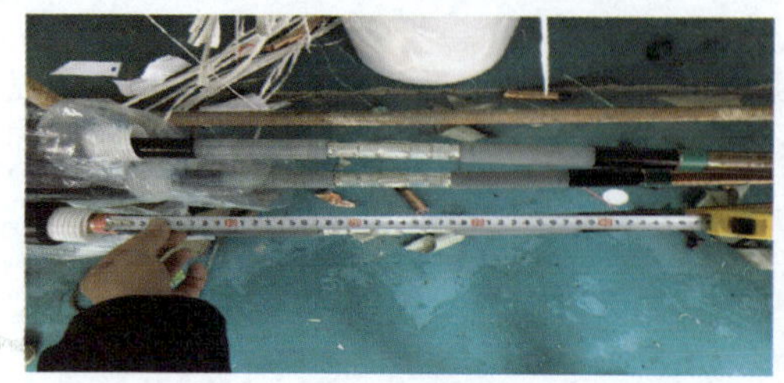
图A.3　绝缘主体安装前工艺（短端）

图A.4　绝缘主体安装状况

4. 绝缘主体安装尺寸（1张）

时机：安装完绝缘主体。

方法：以便于拍照的一相，用盒尺测量绝缘主体中心线（点）至长端（或短端）铜屏蔽断口之间的尺寸为背景拍照。

要求：照片应能清晰反应绝缘主体收缩后的尺寸信息（见图A.5）。

5. 接头安装信息（1张）

时机：完成接头安装与固定等工作，只剩装设接头标识牌。

方法：安装人员左手持接头工证书、右手持接头标识牌，平举至两肩部，安装辅助人员拍照。

要求：照片应能显示接头标识牌、接头工及其证书信息（见图A.6）。

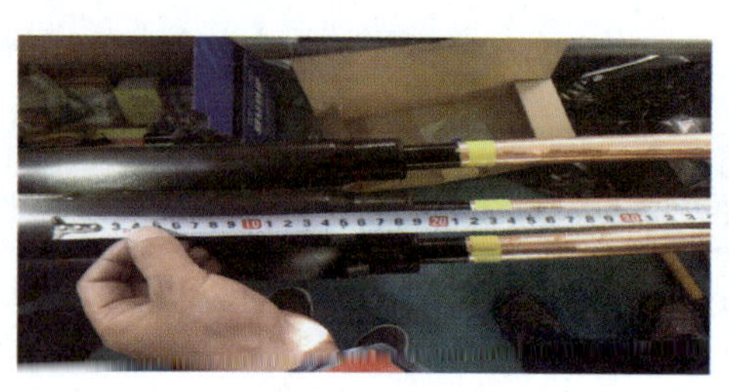
图A.5　绝缘主体安装尺寸

图A.6　接头安装信息

6. 接头固定状态（1张）

时机：完成接头固定。

方法：以固定后接头整体为对象拍照。

要求：照片能清晰显示接头通过吊架（支架、托架等）固定后的整体状态，能反映固定接头的方法及部件。中间接头应顺直，不应弯曲、受力。

二、电缆终端

1. 终端剥切尺寸（1 张）

时机：完成各层剥切，安装绝缘管。

方法：以盒尺测量线芯端部至绝缘管断口为背景拍照。

要求：照片应能清晰反映铜屏蔽、绝缘屏蔽、主绝缘以及铜导体的尺寸（见图 A.7）。

2. 绝缘及绝缘屏蔽断口处理（1 张）

时机：完成半导电带绕包。

方法：以接线端子侧至绝缘管端部为背景拍照。

要求：照片应能清晰反映三相电缆的绝缘表面以及半导电层断口处理质量（见图 A.8）。

图 A.7　终端剥切尺寸

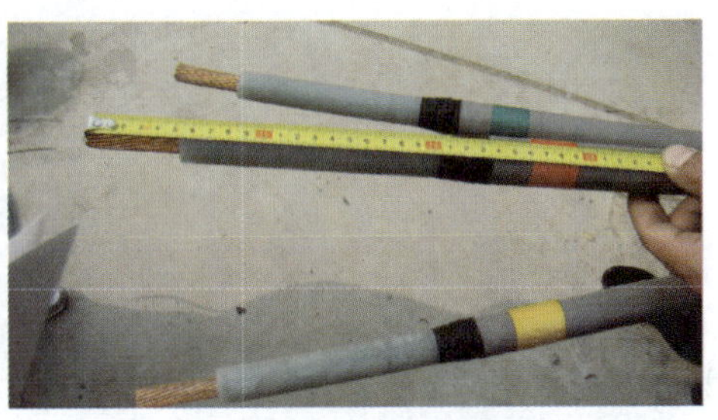

图 A.8　绝缘及绝缘屏蔽断口处理

3. 终端安装信息（1 张）

时机：完成终端安装与固定等工作，只剩装设接头标识牌。

方法：安装人员左手持接头工证书、右手持接头标识牌，平举至两肩部，安装辅助人员拍照。

要求：照片应能显示接头标识牌、接头工及其证书信息（见图 A.9）。

图 A.9　终端安装信息

4. 终端固定状态（1～2 张）

时机：完成终端固定及与设备连接。

方法：以固定及与设备连接后的终端整体为对

象拍照，拍照范围至少包括最近固定点到设备连接点，要能反映至少 2 个固定点。架空线路的杆上终端，通常拍 1 张照片就可满足要求；电缆线路与设备柜体连接终端，通常要拍 2 张照片，分别反映连接、固定情况。

要求：照片能清晰显示终端固定，以及与设备连接后的整体状态。终端三相分叉应匀称、顺直，不应导致被连接设备受到额外应力，终端本身不应承受后端电缆的拉力。

备受到额外应力，终端本身不应承受后端电缆的拉力。

附录B 《配电网施工工艺及验收规范》——电缆附件安装部分介绍[1]

6.3.4 电缆附件安装

6.3.4.1 一般规定和准备工作

（1）电缆终端与接头的制作应由经过培训的熟悉工艺的人员进行。

（2）电缆终端及接头制作时，应严格遵守制作工艺规程。三芯电缆在电缆的中间接头处，电缆的铠装、金属屏蔽层应各自有良好的电气连接并相互绝缘；在电缆的终端头处，电缆的铠装、金属屏蔽层应分别引出接地线并应良好接地。

（3）在室外制作10kV电缆终端与接头时，其环境温度不应低于5℃、空气相对湿度宜为70%及以下；当湿度较大时，可提高环境温度或加热电缆。制作塑料绝缘电力电缆终端与接头时，应防止尘埃、杂物落入绝缘内。严禁在雾或雨中施工。在室内施工现场应备有消防器材。室内或隧道中施工应有临时电源。

（4）电缆终端与接头应符合下列要求：

1）形式、规格应与电缆类型，如电压、芯数、截面积、护层结构和环境要求一致。

2）结构应简单、紧凑，便于安装。

3）所用材料、部件应符合国家相应技术标准和国网北京市电力公司技术条件要求。

4）电缆终端与接头主要性能应符合GB/T 12706.1～12706.4、IEC 60502-1～60502-4及相关的其他产品技术标准的规定，符合国网北京市电力公司技术条件的要求。

（5）采用的附加绝缘材料除电气性能应满足要求外，尚应与电缆本体绝缘具有相容性。两种材料的硬度、膨胀系数、抗张强度和断裂伸长率等物理性能指标应接近。橡塑绝缘电缆应采用弹性大、黏结性能好的材料作为附加绝缘。

（6）电缆线芯连接金具，应采用符合标准的连接管和接线端子，其内径应与电缆线芯匹配，间隙不应过大，符合相关国家标准要求；截面积宜为线芯截面积的1.2～1.5倍。采用压接时，压接钳和模具应符合规格要求。

（7）制作电缆终端和接头前，应熟悉安装工艺资料，做好检查，并符合下列

[1] 此部分内容为直接引用，均按照原文顺序编号。

要求：

1）电缆绝缘状况良好，无受潮进水。

2）附件规格应与电缆一致；零部件应齐全无损伤；绝缘材料不得受潮；密封材料不得失效。

3）施工用机具齐全、便于操作、状况清洁、消耗材料齐备，清洁塑料绝缘表面的溶剂宜遵循工艺导则准备。

4）必要时应进行试装配。

5）通知建设单位和监理单位，以便对接头隐蔽工程进行现场验收。

6）电缆在接头前应按照北京市电力公司技术条件要求对线芯外径、绝缘厚度和圆整情况、内外屏蔽厚度和表面光洁情况、填料、内外护层厚度、铜屏蔽和钢带搭接情况进行检验并填写电缆检验记录。

（8）电力电缆接地线应采用铜绞线或镀锡铜编织线与电缆屏蔽层的连接，其截面面积不应小于 25mm^2。对于铜线屏蔽的电缆，应用原铜线绞合后引出作为接地线。

（9）电缆终端与电气装置的连接，应符合现行国家标准 GB 50149—2010《电气装置安装工程母线装置施工及验收规范》的有关规定。

6.3.4.2 安装要求

（1）制作电缆终端与接头，从剥切电缆开始应连续操作直至完成，以缩短绝缘暴露时间。剥切电缆时不应损伤线芯和保留的绝缘层。附加绝缘的包绕、装配、收缩等应清洁。

（2）电缆终端和接头应采取加强绝缘、密封防潮、机械保护等措施。10kV 电力电缆的终端和接头，应有改善电缆屏蔽端部电场集中的有效措施，并应确保外绝缘相间和对地距离。

（3）交联聚乙烯绝缘电缆在制作终端头和接头时，应彻底清除半导电屏蔽层。屏蔽层剥除时不得损伤绝缘表面，屏蔽端部应平整，绝缘层到屏蔽层的过渡应平滑，尽量减少绝缘表面毛刺及划痕，保持电缆绝缘表面光滑。清洁绝缘表面应使用专用清洁剂，并且应从绝缘开始向半导电屏蔽层方向擦洗。

（4）电缆线芯连接时，应除去线芯和连接管内壁油污及氧化层。压接模具与金具应配合恰当。压缩比应符合要求。压接后应将端子或连接管上的凸痕修理光滑，不得残留毛刺。

（5）三芯电力电缆接头两侧电缆的金属屏蔽层（或金属套）、铠装层应分别连接良好，不得中断，直埋电缆接头的金属外壳及电缆的金属护层应做防腐处理。

（6）三芯电力电缆终端处的金属铠装层必须接地良好；塑料电缆每相铜屏蔽和钢铠应锡焊接地线。电缆通过零序电流互感器时，电缆金属护层和接地线应对地绝缘，电缆接地点在互感器以下时，接地线应直接接地；接地点在互感器以上时，接地线应穿过互感器接地。

（7）变电站内10kV单芯大截面电缆接地线采用电缆本体铜屏蔽线编织引出，压接相应截面接线端子然后接地的方法。变电站内10kV单芯大截面电缆线路只能采用单端接地的方式，另一端引出的铜屏蔽线保留200mm长并用绝缘带绝缘。应特别注意非接地端的接地线不能卡进电缆固定金具。

（8）装配、组合电缆终端和接头时，各部件间的配合或搭接处必须采取堵漏、防潮和密封措施。铅包电缆铅封时应擦去表面氧化物；搪铅时间不宜过长，铅封必须密实无气孔。塑料电缆宜采用自粘带、粘胶带、胶粘剂（热熔胶）等方式密封；塑料护套表面应打毛，黏结表面应用溶剂除去油污，黏结应良好。

（9）电缆终端上应有明显的相色标志，且应与系统的相位一致。单芯电缆中间接头两侧应缠相色带，并宜装置相色标志牌。

6.3.4.3 电缆固定

1. 10kV电缆固定技术方式

10kV电缆固定技术方式主要包括支撑、悬吊和卡抱，需满足下列基本要求：

（1）固定金具应进行防腐处理（铝制品除外），一般采用热浸锌方式进行。

（2）固定金具表面光滑无毛刺，满足所需的承载能力，符合工程防火要求。

（3）固定金具应可靠接地。

（4）电缆垂直敷设时，其固定间距不大于1500mm。

（5）电缆倾斜敷设时，角度超过30度，应在电缆每个支架上固定；角度在10至30度间，应每隔1个支架进行固定。

（6）电缆水平敷设时，其支撑间距不大于1000mm，当对电缆间距有要求时，每隔5～10m处应固定。

（7）电缆转弯敷设时，电缆两侧平直段约500mm处应固定，固定位置满足电缆弯曲半径要求。

（8）中间接头采用托架支撑，再通过支撑或悬吊方式对托架进行固定；接头两侧向外200～1000mm处应进行固定，保证中间接头处于平直状态。

（9）固定金具与电缆之间应有不小于5mm橡塑缓冲垫。

（10）单芯电缆的固定金具不应构成闭合磁路，固定金具、固定要求以设计为准。

2. 支撑方式

（1）在电缆隧道、沟槽、设备夹层等空间内水平敷设时，一般采用支架支撑。

（2）电缆隧道、沟槽应侧装支架，设备夹层应根据需要吊装支架，支架应与预埋螺栓固定，每个支架不少于2处固定。

（3）电缆支架应安装牢固，横平竖直；支架侧装时，高低偏差不应大于5mm；支架吊装时，左右偏差不应大于10mm。

（4）在有坡度的电缆隧道、沟槽内安装的电缆支架，应有与电缆隧道或沟槽相同的坡度。

3. 悬吊方式

（1）在工作井内和隧道无支架处水平敷设时，一般采用悬吊方式固定电缆。

（2）土建施工造成电缆悬空时，可采用悬吊方式进行临时固定。

（3）电缆悬吊水平间距不超过1000mm。

（4）悬吊结构要求：吊架（槽钢）—U形环—铁链—U形环—抱箍（托架）。

（5）工作井内和隧道内顶板有预装吊架时，应在吊架上进行悬吊；顶板无预装吊架时，应采用埋设化学螺栓方式补装吊架；严禁使用膨胀螺栓，以免破坏原有防水。

（6）临时固定时，应在电缆上方设槽钢，槽钢上开孔，在槽钢上进行悬吊。

（7）电缆中间接头悬吊时，应将铁链与接头托架连接，接头托架四角开孔，实现四点固定，进行悬吊。

（8）电缆悬吊时，应在保证满足电缆弯曲半径要求的前提下，使电缆避开人孔；电缆悬吊高度适当，使电缆保持平直状态。

（9）抱箍应根据电缆截面选用，抱箍内径计算式为：R＝（电缆外径＋15）/2，单位为毫米（mm）。

4. 卡抱方式

（1）电缆在夹层、工作井、上杆等场合垂直敷设时，一般采用卡抱固定方式。

（2）电缆转弯、倾斜及对电缆间距有要求的水平敷设情况下，按要求采用卡抱固定方式。

（3）电缆终端至少应进行2处固定，第一处固定点应尽量靠近三芯分叉根部。

（4）电缆上柜时，应以门型架＋抱箍方式对电缆进行固定；自电缆终端第一处刚性固定点以下，按不大于 300mm 间距进行卡抱固定。

（5）电缆上杆时，应以抱箍方式固定保护管（角钢）及保护管外电缆；电缆保护管（角钢）上应安装 2 处抱箍，间隔为 1500mm，电缆本体上应安装若干抱箍，间隔不大于 700mm。

（6）电缆在竖井内垂直敷设时，应以梯架＋抱箍方式对电缆进行固定；固定间隔不大于 1000mm。

附录C　10kV交联电缆终端头签证记录表

工程名称：　　　　　　　　　　路名：　　　　　　　　　　编号：

终端型式				生产厂家	
电缆型号				生产厂家	
接头日期	年　月　日			接头地点	
气温	℃	相对湿度	%	图纸编号	

项目	性质	质量标准	检查结果	制作人
1. 电缆外观检查		电缆未受潮，无锈蚀，相位正确		
2. 绝缘检查	主要	符合技术条件规定		
3. 锯除钢带		锯除钢带深度≤1/2钢带厚，不伤内护套		
4. 剥除铜屏蔽		不损伤半导电层，端部平滑、无毛刺		
5. 剥除外半导电层	主要	不损伤主绝缘，断面整齐、无毛刺		
6. 铜屏蔽、钢带接地线处理	主要	地线连接牢固，接地处为永久接点。接地线、接地线穿过零序TA安装符合验收规范规定		
7. 套入终端附件		符合图纸要求，正确齐全		
8. 应控附件安装	主要	应控附件套入位置正确，收缩表面光滑，符合工艺要求，搭接半导电层　　mm	实测值：　　mm	
9. 绝缘套管安装	主要	绝缘套管位置正确，收缩表面光滑，符合工艺要求。绝缘套管与外护套搭接尺寸　　mm	实测值：　　mm	
10. 压接端子	主要	压接符合工艺规程规定，表面均匀光滑		
11. 安装雨裙		符合工艺要求，雨裙不歪扭。雨裙间距　　mm	实测值：　　mm	
12. 卡具固定		符合验收规范规定（或设计规定）		
13. 相色		正确、明显、位置符合要求		
14. 标志牌	主要	路名、电缆型号正确齐全、字迹清晰		
施工人员				
检查结论				

质检机构	验收意见	签　名
班组		年　月　日
项目部		年　月　日
质检部		年　月　日
监理		年　月　日

附录D　10kV交联电缆中间接头签证记录表

工程名称：　　　　　　　　路名：　　　　　　　　编号：

中间头型式				生产厂家	
电缆型号				生产厂家	
接头日期	年　　月　　日			接头地点	
气温	℃	相对湿度	%	图纸编号	

项目	性质	质量标准	检查结果	制作人
1. 电缆外观检查		电缆未受潮，无锈蚀，相位正确		
2. 绝缘检查	主要	符合技术条件规定		
3. 锯除钢带		锯除钢带深度≤1/2钢带厚，不伤内护套		
4. 剥除铜屏蔽带		不损伤半导电层，端部平滑、无毛刺		
5. 剥除外半导电层	主要	不损伤主绝缘，断面整齐、无毛刺		
6. 套入中间头附件		符合图纸要求，正确齐全		
7. 导体连接	主要	压接符合工艺规程规定，表面均匀光滑		
8. 接管两侧处理	主要	应力分散胶带应缠绕密实		
9. 安装应控附件	主要	应控附件套入位置正确，收缩表面光滑，符合工艺要求，应控附件搭接外半导电层　　mm	实测值：　mm	
10. 安装绝缘套管	主要	位置正确，收缩表面光滑，符合工艺要求		
11. 铜屏蔽处理	主要	符合工艺要求，包绕平整，连接牢固		
12. 内护套处理		符合工艺要求，绝缘套管与两端内护套搭接尺寸　　mm，均匀收缩光滑，两端对称	实测值：　mm	
13. 接地线处理	主要	符合工艺要求		
14. 外护套处理		符合工艺要求，绝缘套管与两端外护套搭接尺寸　　mm，均匀收缩光滑，两端对称	实测值：　mm	
15. 中间头固定、保护		符合验收规范规定		
16. 标志牌	主要	路名、电缆型号正确齐全、字迹清晰		
施工人员				
检查结论				

质检机构	验收意见	签　　名
班组		年　　月　　日
项目部		年　　月　　日
质检部		年　　月　　日
监理		年　　月　　日

附录E 《有限空间作业安全工作规定》——电力电缆附件安装相关安全规定

电缆附件安装工作通常需要在电缆沟道、管井等有限空间内部开展，为了保证安装人员的安全，建设单位对于有限空间的作业安全均有严格的规定，以《国网北京市电力公司有限空间作业安全工作规定》为例，其对电缆附件安装要求如下：

一、有限空间作业审批

第十二条 凡进入电缆隧道、电缆（通信）管井、污水井、暖气沟以及其他可能存在有缺氧、易燃、易爆、有毒气体等有限空间场所进行安装、检修、巡视、检查等，有限空间作业单位应实施作业审批、许可手续。未经审批、许可手续，任何人不得进入有限空间作业。

二、现场作业安全管理要求

第十五条 有限空间作业现场应确定作业负责人、监护人员和作业人员，不得在没有监护人的情况下作业。作业前必须进行风险辨识，对有限空间及其周边环境进行调查，分析有限空间内气体种类并进行评估检测，做好记录。检测值作为有限空间环境危险性分级（见《国网北京市电力公司有限空间作业安全工作规定》附录3）和采取防护措施的依据。

第十六条 作业负责人在确认作业环境、作业程序、安全防护设备、个体防护装备及应急救援设备符合要求后（见《国网北京市电力公司有限空间作业安全工作规定》附录4），方可安排作业人员进入有限空间作业。进入前，应进行有限空间内气体准入检测，并做好记录。检测为一级环境时不应作业。

第十七条 作业人员应遵守有限空间作业安全操作规程（见《国网北京市电力公司有限空间作业安全工作规定》附录5），执行有限空间作业指导卡（见《国网北京市电力公司有限空间作业安全工作规定》附录6），正确使用安全防护设备与个体防护装备，并与监护人员进行有效的信息沟通。

第二十一条 现场施工设备应使用具有漏电保护装置的电源。手持照明设备电压应不大于24V，在积水、结露的地下有限空间作业，手持照明电压应不大于12V。

第二十二条 出入电缆隧道、电缆（通信）管井作业时，应在井口装设安全爬梯或使用梯子，作业人员应佩戴安全帽及携带正压隔绝式（逃生）呼吸器等防护用品。当评估检测和准入检测均达不到三级环境时，作业人员应佩戴全身式安全带、安全绳，安全绳应固定在可靠的挂点上，连接牢固。严禁随意蹬踩电缆或电缆托架、托板等附属设备。

第二十三条 禁止在井内、隧道内以及封闭的场所使用燃油（气）发电机等设备，以防止作业人员缺氧或有害气体中毒。地上井口附近使用燃油（气）发电机等设备时，应放置在下风侧，与井口保持一定距离，防止废气进入井内。

三、有限空间动火工作

第二十四条 有限空间动火作业必须严格执行《电力安全工作规程》动火工作相关要求，填写动火工作票，作业点附近应配备足够适用的消防器材。

第二十五条 动火作业前，必须对现场进行认真检查，排除隐患，尤其应清除动火现场及周围易燃物品、压力容器等，并采取有效的安全防火措施。

第二十八条 焊接作业时，除采取防止烫伤、触电、爆炸等措施外，还应设有防止金属熔渣飞溅、掉落引起火灾的措施。焊接人员离开现场前，应检查并确认现场无火种留下。

第二十九条 在有限空间内进行明火作业、热熔焊接作业等动火工作，应采取连续机械通风措施，防止作业人员缺氧窒息。

四、有限空间应急处置

第三十一条 有限空间作业期间发生下列情况之一时，作业人员应立即撤离有限空间：

（一）作业人员出现身体不适；

（二）安全防护设备或个体防护装备失效；

（三）气体检测报警仪报警；

（四）监护人员或作业负责人下达撤离命令。

五、承发包管理

第三十七条 承包（受托）单位应具备以下安全生产条件：

（一）有限空间作业安全设备设施：应具有硫化氢、一氧化碳等有毒有害气体以及氧气、可燃气体检测分析仪；机械通风设备；正压式空气呼吸器或长管面具等隔离式呼吸保护器具；应急通信工具；安全绳、安全带、三脚架、安全梯等；安全护栏及警示标志牌；有限空间存在可燃性气体和爆炸性粉尘时，检测、照明、通信设备应符合防爆要求。

（二）有限空间作业安全管理制度：应有有限空间作业安全生产责任制；有限空间作业安全操作规程；有限空间作业审批制度；有限空间作业安全教育培训制度；有限空间生产安全事故应急救援预案。

（三）有限空间现场监护人员应具有特种作业资格操作证书。

参 考 文 献

[1] 李宗庭，王佩龙，赵光庭，刘进国. 电力电缆施工手册. 北京：中国电力出版社，2002.

[2] 全国电线电缆标准化技术委员会，中国标准出版社第四编辑室. 电线电缆标准汇编. 北京：中国标准出版社，2009.

[3] 徐应麟. 电线电缆手册. 北京：机械工业出版社. 2014.

[4] 中国电力企业家协会供电分会. 电力电缆初级工、中级工、高级工. 北京：中国电力出版社. 2005.

[5] 国家电力监管委员会电力业务资质管理中心编写组. 电工进网作业许可考试参考教材特种类电缆专业. 北京：中国电力出版社，2007.

[6] 史传卿. 电力电缆安装运行技术问答. 北京：中国电力出版社，2002.

[7] 江日洪. 交联聚乙烯电力电缆线路. 北京：中国电力出版社，1997.

[8] 史传卿. 电力电缆. 北京：中国电力出版社，2006.

[9] 王伟，李云财. 交联聚乙烯（XLPE）绝缘电力电缆. 西安，西北工业大学出版社，2011.

[10] 卓金玉. 电力电缆设计原理. 北京：机械工业出版社，1999.

[11] 北京市电力公司. 配电网技术标准施工验收分册. 北京：中国电力出版社，2010.

[12] 国网北京市电力公司. 配电网施工工艺及验收规范. 北京：中国电力出版社，2015.